Uni-Taschenbücher 1061

T0210799

UTB

Eine Arbeitsgemeinschaft der Verlage

Birkhäuser Verlag Basel und Stuttgart
Wilhelm Fink Verlag München
Gustav Fischer Verlag Stuttgart
Francke Verlag München
Paul Haupt Verlag Bern und Stuttgart
Dr. Alfred Hüthig Verlag Heidelberg
Leske Verlag + Budrich GmbH Opladen
J. C. B. Mohr (Paul Siebeck) Tübingen
C. F. Müller Juristischer Verlag – R. v. Decker's Verlag Heidelberg
Quelle & Meyer Heidelberg
Ernst Reinhardt Verlag München und Basel
K. G. Saur München · New York · London · Paris
F. K. Schattauer Verlag Stuttgart · New York
Ferdinand Schöningh Verlag Paderborn
Dr. Dietrich Steinkopff Verlag Darmstadt
Eugen Ulmer Verlag Stuttgart
Vandenhoeck & Ruprecht in Göttingen und Zürich

Ludger Ernst

^{13}C-NMR-Spektroskopie

Eine Einführung

Mit 34 Abbildungen und 23 Tabellen

Springer-Verlag Berlin Heidelberg GmbH

Dr. rer. nat. *Ludger Ernst*, geboren 1946 in Borghorst/Westfalen, studierte Chemie an der Technischen Hochschule Braunschweig (1965 – 1967) und an der Universität Heidelberg (1967 – 1969). Promotion 1970 in Heidelberg. 1971 – 1972 Postdoctoral Fellow an der University of Manitoba (Kanada). 1972 – 1973 Industrietätigkeit. Seit 1973 wissenschaftlicher Mitarbeiter der Gesellschaft für Biotechnologische Forschung in Braunschweig. Mitherausgeber der umfangreichen Datensammlung „Carbon-13 NMR Spectral Data" (3. Aufl. Weinheim 1980).

CIP-Kurztitelaufirahme der Deutschen Bibliothek

Ernst, Ludger:

[C-NMR-Spektroskopie] ¹³C-NMR-Spektroskopie: e. Einf./Ludger Ernst. – Darmstadt: Steinkopff, 1980.

(Uni-Taschenbücher; 1061)

ISBN 978-3-7985-0564-3   ISBN 978-3-642-95971-4 (eBook)
DOI 10.1007/978-3-642-95971-4

Einbandgestaltung: Alfred Krugmann, Stuttgart
Satz und Druck: Dr. Alexander Krebs, Hemsbach/Bergstr.
Gebunden bei der Großbuchbinderei Sigloch, Leonberg

Vorwort

Die Anwendung physikalischer Methoden in der Chemie hat in den vergangenen Jahrzehnten einen lebhaften Aufschwung genommen. Insbesondere die spektroskopischen Techniken spielen heute bei der Untersuchung von Moleküleigenschaften eine hervorragende Rolle. Kein rationell arbeitender Chemiker, sei er präparativ tätig oder mit der Isolierung von Naturstoffen beschäftigt, kann es sich leisten, auf die Dienste dieser Techniken zu verzichten. Vor allem die Kernresonanz-Spektroskopie (NMR) ist zu einem äußerst wichtigen Hilfsmittel des Chemikers geworden.

Seit dem Erscheinen des ersten kommerziellen NMR-Spektrometers (1952) bis zum Ende der Sechziger Jahre beschränkte sich der Anwendungsbereich der NMR-Spektroskopie aus Empfindlichkeitsgründen in der organischen Chemie hauptsächlich auf ^{1}H-NMR-Spektren, in der anorganischen Chemie darüber hinaus auf ^{11}B-, ^{19}F- und ^{31}P-NMR-Spektren. Der um das Jahr 1965 einsetzende technologische Fortschritt erlaubte die Entwicklung von leistungsfähigen ^{13}C-NMR-Spektrometern, die seit 1969 auf dem Markt sind. Seitdem ist die ^{13}C-NMR-Spektroskopie zu einer bedeutenden analytischen Technik geworden und ist der ^{1}H-NMR-Spektroskopie zumindest ebenbürtig. Sie wird inzwischen routinemäßig bei der Strukturaufklärung unbekannter Moleküle eingesetzt, und es erscheint daher wichtig, daß ein Chemiker schon während seiner Ausbildung mit dieser Methode vertraut gemacht wird.

Das vorliegende Taschenbuch soll auf elementarem Niveau eine Einführung für den deutschsprachigen Studenten geben und ihn nach der Lektüre in die Lage versetzen, die ^{13}C-NMR-Spektroskopie bei seiner Arbeit praktisch zu nutzen. Zugleich sollen die hier vermittelten Grundlagen den Einstieg in die weiterführende Literatur erleichtern. Eine gewisse Vertrautheit mit den Grundzügen der ^{1}H-NMR-Spektroskopie (vgl. *Ault/Dudek,* Protonen-Kernresonanz-Spektroskopie, UTB 842) wäre beim Studium des vorliegenden Buches vorteilhaft.

Für die vielseitige Unterstützung, die mir bei der Abfassung des Manuskripts zuteil geworden ist, möchte ich allen Beteiligten danken, vor allem Frau *Ute Dwelk* für die Reinschrift des Manuskripts, Frau *Christa Lippelt* für die Anfertigung der Abbildungen und Frau *Sabine Pulmann* für die Aufnahme von Spektren.

Braunschweig, im Juni 1979   *L. Ernst*

Inhalt

1. Kernmagnetische Resonanz

1.1. Magnetische Eigenschaften von Atomkernen

Die kernmagnetische Resonanz (abgekürzt NMR, vom englischen Ausdruck *N*uclear *M*agnetic *R*esonance) ist eine spektroskopische Methode, bei der man sich den Magnetismus gewisser Atomkern-Arten zunutze macht. Dieser Magnetismus läßt sich vereinfacht folgendermaßen veranschaulichen:

Ein Atomkern, von dem wir annehmen wollen, daß er kugelförmige Gestalt habe, drehe sich um eine Rotationsachse, die durch seinen Mittelpunkt verläuft. Dabei bewegt sich die positive Ladung, die jeder Atomkern trägt, auf kreisförmigen Bahnen um diese Achse. Diese bewegte elektrische Ladung stellt einen elektrischen Strom dar. Da jeder elektrische Strom ein Magnetfeld erzeugt, verhält sich der rotierende Atomkern also wie ein Magnet: er hat ein *magnetisches Moment* $\vec{\mu}$ (diese Schreibweise drückt aus, daß das magnetische Moment eine vektorielle Eigenschaft ist, also Betrag und Richtung hat).

Atomkerne, die sich um ihre eigene Achse drehen, haben einen Drehimpuls, den man auch *Kernspin* nennt und mit $\vec{p}$ bezeichnet (to spin (engl.) = sich um die eigene Achse drehen). Es besteht eine Proportionalität zwischen dem magnetischen Moment eines Atomkerns und seinem Spin (Gl. [1-1]):

$$\vec{\mu} = \gamma \vec{p} \qquad [1\text{-}1]$$

Der Proportionalitätsfaktor $\gamma = \vec{\mu}/\vec{p}$ ist eine für jedes magnetische Isotop charakteristische Stoffkonstante, für die sich die Bezeichnung *gyromagnetisches Verhältnis** eingebürgert hat (gyros (griech.) = Kreisel).

Die Kerne eines jeden Isotops werden charakterisiert durch die Spinquantenzahl *I,* die mit dem Betrag p des Kernspins $\vec{p}$ durch Gl. [1-2] verknüpft ist.

$$p = \hbar \sqrt{I(I+1)} \qquad [1\text{-}2]$$

In Gl. [1-2] ist $\hbar$ die Abkürzung für $h/2\pi$; h ist die Plancksche Konstante („Plancksches Wirkungsquantum": $6.6262 \cdot 10^{-27}$ erg·s). Gll. [1-1] und [1-2] lassen sich zusammenfassen zu:

$$\mu = \gamma \hbar \sqrt{I(I+1)} \qquad [1\text{-}3]$$

---

* Sprachlich korrekt wäre *„magnetogyrisches Verhältnis".*

Die Spinquantenzahl I ist ebenfalls eine Stoffkonstante für jedes Isotop im periodischen System der Elemente. Sie hängt ab von der Anzahl der Protonen und Neutronen, aus denen sich die Atomkerne eines Isotops zusammensetzen. Die Größe von I läßt sich nicht direkt aus der Protonen- und Neutronenzahl eines Kerns vorhersagen, jedoch bestehen gewisse Regelmäßigkeiten im Zusammenhang zwischen I und der Anzahl der Kernbausteine, zu deren Erläuterung es zweckmäßig ist, die Gesamtheit der Isotope in bestimmte Gruppen einzuteilen. Wir unterscheiden zu diesem Zweck:

1. *g,g-Kerne,* d. h. Kerne mit gerader Massenzahl (MZ) und gerader Ordnungszahl (OZ). Diese besitzen eine gerade Anzahl von Protonen (p) und eine gerade Anzahl von Neutronen (n). Dazu gehören z. B. die Isotope $^{12}C(6p + 6n)$, $^{16}O(8p + 8n)$ und $^{32}S(16p + 16n)$. Diese Kerne haben stets die Spinquantenzahl $I = 0$ und demzufolge nach Gl. [1-3] kein magnetisches Moment.

2. a) *u,u-Kerne* mit ungerader MZ und ungerader OZ. Sie besitzen eine ungerade Anzahl von Protonen und eine gerade Anzahl von Neutronen, wie z. B. die Isotope $^{1}H(1p + 0n)$, $^{11}B(5p + 6n)$, $^{15}N(7p + 8n)$, $^{19}F(9p + 10n)$ und $^{31}P(15p + 16n)$.

b) *u,g-Kerne* mit ungerader MZ und gerader OZ. Hier ist die Anzahl der Protonen gerade und die der Neutronen ungerade, z. B. bei $^{13}C(6p + 7n)$, $^{17}O(8p + 9n)$, $^{29}Si(14p + 15n)$ und $^{33}S(16p + 17n)$. Kerne der Gruppen 2a und 2b haben eine halbzahlige Spinquantenzahl, also $I = \frac{1}{2}$ oder $\frac{3}{2}$ oder $\frac{5}{2}$ oder $\frac{7}{2}$ usw.

3. *g,u-Kerne* mit gerader MZ und ungerader OZ, die eine ungerade Anzahl von Protonen und eine ungerade Anzahl von Neutronen aufweisen, wie z. B. $^{2}H(1p + 1n)$, $^{10}B(5p + 5n)$ und $^{14}N(7p + 7n)$. Kerne dieser Gruppe haben ganzzahlige Werte (>0) von I, also 1 oder 2 oder 3 usw.

Die geschilderten Regelmäßigkeiten bezüglich der Spinquantenzahlen resultieren daher, daß jeder Kernbaustein, Proton oder Neutron, einen Spin besitzt und daß sich der Gesamtspin eines Atomkerns vektoriell aus den Einzelspins der Bausteine zusammensetzt, wobei sich die Einzelspins teilweise „paaren". (d. h. kompensieren), ähnlich wie der Chemiker dies von den Elektronen in den Modellen der chemischen Bindung kennt.

Einige in der organischen Chemie häufig vertretene Isotope haben folgende Spinquantenzahlen: $^{1}H(I = \frac{1}{2})$, $^{2}H(I = 1)$, $^{12}C(I = 0)$, $^{13}C(I = \frac{1}{2})$, $^{14}N(I = 1)$, $^{15}N(I = \frac{1}{2})$, $^{16}O(I = 0)$, $^{17}O(I = \frac{5}{2})$, $^{18}O(I = 0)$, $^{19}F(I = \frac{1}{2})$ und $^{31}P(I = \frac{1}{2})$. Eine ausführliche Übersicht von magnetischen Eigenschaften wichtiger Kerne ist in Tab. 1-1 zu finden.

Tab. 1-1. Eigenschaften einiger für die NMR-Spektroskopie wichtiger Isotope

Isotop	natürliches Vorkommen (%)	Spinquantenzahl I	Magnet. Moment $\mu^{a)}$	relat. Empfindlichkeit$^{b)}$	Resonanzfrequenz ν_0 bei $H_0 = 23487$ Gauß
^{1}H	99.9844	1/2	2.79268	1.00000	100.00
^{2}H	0.0156	1	0.8574	0.00965	15.35
^{10}B	18.83	3	1.8005	0.0199	10.75
^{11}B	81.17	3/2	2.6880	0.165	32.08
^{13}C	1.108	1/2	0.70220	0.0159	25.14
^{14}N	99.635	1	0.40358	0.00101	7.22
^{15}N	0.365	1/2	−0.28304	0.00104	10.13
^{17}O	0.037	5/2	−1.8930	0.0291	13.56
^{19}F	100.00	1/2	2.6273	0.833	94.08
^{23}Na	100.00	3/2	2.2161	0.0925	26.45
^{29}Si	4.70	1/2	−0.55477	0.0784	19.87
^{31}P	100.00	1/2	1.1305	0.0663	40.48
^{33}S	0.74	3/2	0.64274	0.00226	7.67
^{117}Sn	7.67	1/2	−0.9949	0.0452	35.62
^{119}Sn	8.68	1/2	−1.0409	0.0518	37.27
^{195}Pt	33.7	1/2	0.6004	0.00994	21.50
^{199}Hg	16.86	1/2	0.4979	0.00567	17.84
^{203}Tl	29.52	1/2	1.5960	0.187	57.15
^{205}Tl	70.48	1/2	1.6115	0.192	57.70
^{207}Pb	21.11	1/2	0.5837	0.00913	20.90

a) In Einheiten des Kernmagnetons $\mu_N = eh/(2Mc) = 5.0504 \cdot 10^{-24}$ erg/Gauß (e = Elementarladung, M = Masse des Protons, c = Lichtgeschwindigkeit). Negatives Vorzeichen von μ bedeutet, daß die Vektoren von Spin und magnetischem Moment einander entgegengerichtet sind.
b) Für gleiche Kernzahl und gleiche Magnetfeldstärke, bezogen auf ^{1}H.

1.2. Verhalten von Atomkernen im Magnetfeld

Bringt man eine Substanzprobe, die magnetisch aktive Atomkerne mit dem Spin $\vec{p}$ und dem magnetischen Moment $\vec{\mu}$ enthält, in ein statisches homogenes Magnetfeld der Feldstärke $\vec{H}_0$, dann wird auf die Kerne eine Kraft ausgeübt, die sie zwingt, mit dem Vektor ihres magnetischen Momentes um die Richtung der Feldlinien zu rotieren. Bei dieser Rotation (*Präzession*) überstreicht $\vec{\mu}$ den Mantel eines Kegels, in dessen Achse $\vec{H}_0$ liegt (Abb. 1-1). (Im Vorgriff auf spätere Diskussionen wollen wir die Richtung von $\vec{H}_0$ als positive z-Achse in einem rechtwinkligen Koordinatensystem festlegen).

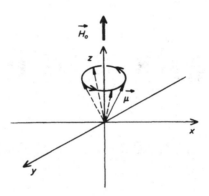

Abb. 1-1. Präzession der magnetischen Kernmomente $\vec{\mu}$ um die Richtung der Feldlinien eines Magnetfeldes $\vec{H}_0$.

Im Gegensatz zum Drehimpuls makroskopischer Körper in der klassischen Mechanik kann der Kerndrehimpuls und damit das magnetische Kernmoment nicht beliebige Orientierungen annehmen, es sind vielmehr nur bestimmte Richtungen zwischen den Vektoren $\vec{\mu}$ und $\vec{H}_0$ zugelassen. Diese Einschränkung nennt man *Richtungsquantelung*. Die erlaubten Richtungen sind so definiert, daß die Projektion, μ_z, von $\vec{\mu}$ auf H_0, d.h. auf die z-Achse des Koordinatensystems, stets der Bedingung

$$\mu_z = m\gamma\hbar \qquad [1\text{-}4]$$

gehorcht, wobei m, die magnetische Quantenzahl, nur die Werte $-I$, $-I+1$, $-I+2$ usw. bis maximal $+I$ annehmen kann. Für einen Kern mit der Spinquantenzahl I sind also $2I + 1$ Orientierungen im Magnetfeld möglich. Das bedeutet, daß ein ^{1}H-Kern (normalerweise kurz „Proton" genannt), für den $I = \frac{1}{2}$ ist, $2 \cdot \frac{1}{2} + 1 = 2$ Orientierungen im Magnetfeld annehmen kann, nämlich solche bei denen $m = -I = -\frac{1}{2}$ bzw. $m = +I = +\frac{1}{2}$ ist (Abb. 1-2). Für einen ^{2}H-Kern (Deuteron) mit $I = 1$ sind $2 \cdot 1 + 1 = 3$ Orientierungen erlaubt, bei denen $m = -I = -1$, $m = -I + 1 = 0$ bzw. $m = +I = +1$ ist (Abb. 1-3).

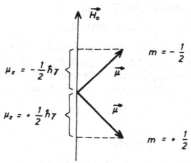

Abb. 1-2. Erlaubte Orientierungen des magnetischen Moments $\vec{\mu}$ eines Kerns mit $I = \frac{1}{2}$ im Magnetfeld $\vec{H}_0$.

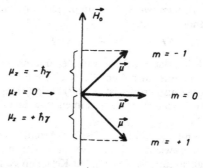

Abb. 1-3. Erlaubte Orientierungen des magnetischen Moments $\vec{\mu}$ eines Kerns mit $I = 1$ im Magnetfeld $\vec{H}_0$.

Da das vorliegende Buch eine Einführung in die Kohlenstoff-NMR-Spektroskopie ist und da für das einzige magnetische Kohlenstoffisotop, ^{13}C, $I = \frac{1}{2}$ ist, wollen wir uns in der folgenden Betrachtung auf den Fall $I = \frac{1}{2}$ beschränken.

Ein magnetischer Dipol $\bar{\mu}$, z. B. ein magnetisch aktiver Atomkern, besitzt in einem Magnetfeld $\vec{H}_0$ eine bestimmte potentielle Energie E, die durch Gl. [1-5] wiedergegeben wird.

$$E = \mu_z H_0 \qquad [1\text{-}5]$$

μ_z ist dabei die Projektion des magnetischen Moments auf die Richtung des Magnetfeldes. Man kann nun die Gll. [1-4] und [1-5] miteinander kombinieren und erhält Gl. [1-6]:

$$E = \gamma m \hbar H_0 \qquad [1\text{-}6]$$

Diese Gleichung sagt aus, daß die Energie des Kerns von seiner Orientierung relativ zur Feldrichtung abhängt. Da die beiden möglichen Orientierungen („Spinzustände") eines Kerns mit $I = \frac{1}{2}$ durch $m = +\frac{1}{2}$ bzw. $m = -\frac{1}{2}$ beschrieben werden, haben sie die Energien

$$E_+ = +\tfrac{1}{2}\gamma\hbar H_0 \qquad (\text{für } m = +\tfrac{1}{2})$$

bzw.

$$E_- = -\tfrac{1}{2}\gamma\hbar H_0 \qquad (\text{für } m = -\tfrac{1}{2})$$

Hierbei soll die magnetische Quantenzahl $m = -\frac{1}{2}$ solche Spins charakterisieren, deren Projektion in Feldrichtung weist (*parallele* Einstellung), und $m = +\frac{1}{2}$ solche, deren Projektion gegen die Feldrichtung weist (*antiparallele* Einstellung). Die Energiedifferenz der beiden Spinzustände ist dann

$$\Delta E = E_+ - E_- = \gamma\hbar H_0. \qquad [1\text{-}7]$$

Aus Gl. [1-7] folgt, daß die Spinzustände außerhalb des Magnetfeldes ($H_0 = 0$) gleiche Energie haben ($E_+ = E_-$, $\Delta E = 0$), während ihre Energiedifferenz umso größer ist, je stärker das Magnetfeld, in dem sich die Kerne befinden. Dieser Zusammenhang ist in Abb. 1-4 graphisch dargestellt.

In einer Ansammlung von magnetischen Atomkernen, die sich im thermischen Gleichgewicht befinden, verteilen sich die Kerne so auf die beiden Energieniveaus, daß sich mehr Kerne im günstigen energieärmeren Zustand ($m = -\frac{1}{2}$) befinden als im ungünstigen energiereicheren Zustand ($m = +\frac{1}{2}$). Das Verhältnis der Besetzungszahl N_+ des ungünstigeren Zustandes zur Besetzungszahl N_- des günstigeren Zustandes ist gegeben durch den Boltzmannschen Verteilungssatz, Gl. [1-8]:

$$\frac{N_+}{N_-} = e^{\frac{-\Delta E}{kT}} \qquad [1\text{-}8]$$

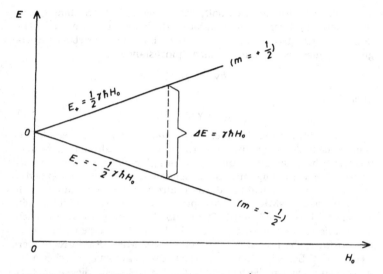

Abb. 1-4. Energie der Kerne mit paralleler ($m = -\frac{1}{2}$) und antiparalleler ($m = +\frac{1}{2}$) Orientierung der Spins relativ zur magnetischen Feldrichtung in Abhängigkeit von der Feldstärke H_0.

In Gl. [1-8] ist k die Boltzmann-Konstante ($1.38 \cdot 10^{-16}$ ergK) und T die Temperatur in K; ΔE ist definiert wie in Gl. [1-7].

Der Unterschied in der Besetzungszahl der beiden Energieniveaus ist außerordentlich klein. Für Protonen in einem Magnetfeld von 23500 Gauß folgt z. B. aus Gl. [1-7] $E \approx 6.6 \times 10^{-19}$ erg oder ≈ 0.04 J/mol. Setzt man diesen Wert in Gl. [1-8] ein, so ergibt sich ein Besetzungsverhältnis N_+/N_- von 0.999984 oder etwa 200000/200003. Das bedeutet, daß sich von 400000 ^{1}H-Kernen nur etwa drei mehr im energetisch günstigeren Zustand befinden als im ungünstigeren.

1.3. Die Resonanzbedingung

Man kann nun Kerne auf dem niedrigeren Energieniveau dazu bringen, die Richtung ihrer Spins umzukehren, d. h. das höhere Energieniveau zu besetzen, wenn man ihnen die „passende" Energie zuführt. Dies läßt sich dadurch erreichen, daß man die Substanzprobe, die die magnetischen Atomkerne enthält, elektromagnetischer Strahlung aussetzt, deren Frequenz ν_0 so gewählt wird, daß die Energie der Strahlung, $E = h\nu_0$, gerade gleich dem durch Gl. [1-7] beschriebenen Energieunterschied zwischen den beiden Spinzuständen ist, also

$$h\nu_0 = \gamma \hbar H_0$$

oder

$$\nu_0 = \gamma \cdot H_0/2\pi \qquad [1-9]$$

In Gl. [1-9], der sog. *Resonanzbedingung,* ist der fundamentale Zusammenhang der magnetischen Kernresonanz ausgedrückt. Es ist daraus ersichtlich, daß die Frequenz der zum „Umklappen" der Spins erforderlichen Strahlung umso höher sein muß, je größer die Stärke des Magnetfeldes ist, in dem sich die Substanzprobe befindet. Gewöhnlich liegen die in der NMR-Spektroskopie verwendeten Magnetfeldstärken zwischen 14100 Gauß und 94000 Gauß. Mit dem gyromagnetischen Verhältnis für Protonen, $\gamma_H = 2.675 \cdot 10^4$ $s^{-1}G^{-1}$, ergeben sich daraus erforderliche Frequenzen von 60 bis 400 MHz (Radiofrequenzen (RF), UKW-Bereich). Bei ^{13}C-Kernen, deren gyromagnetisches Verhältnis nur etwa ein Viertel des Wertes von γ_H beträgt, liegen die Frequenzen demzufolge um den Faktor 4 niedriger, also zwischen 15 und 100 MHz.

Bei der Durchführung eines Kernresonanz-Experiments geht man nun so vor, daß man die zu untersuchende Substanz in einem geeigneten Lösungsmittel löst und die Lösung in einem Meßröhrchen zwischen die Polschuhe eines starken Magneten bringt, dessen Feld äußerst homogen sein sollte, damit innerhalb des Volumens der Lösung alle Kerne derselben Feldstärke ausgesetzt sind. Nachdem sich das Gleichgewicht eingestellt hat, d.h. die Spins sich entsprechend Gl. [1-8] auf die beiden Energieniveaus verteilt haben, bestrahlt man die Lösung mit Radiowellen, deren Frequenz man so lange kontinuierlich verändert, bis die Resonanzbedingung [1-9] erfüllt ist. In diesem Moment absorbiert die Probenlösung einen Teil der angebotenen RF-Energie. Diesen Vorgang kann man mittels einer Brückenschaltung feststellen und nach Verstärkung auf einem Oszilloskop oder einem *x, y*-Schreiber sichtbar machen. Man erhält so eine graphische Darstellung, ein NMR-Spektrum, in der die Energieabsorption gegen die eingestrahlte Frequenz aufgetragen ist (Abb. 1-5). Der Schreiberausschlag („Signal") gibt die Resonanzfrequenz an. Üblicherweise wird die Frequenz in einem NMR-Spektrum so dargestellt, daß sie von rechts nach links zunimmt.

8

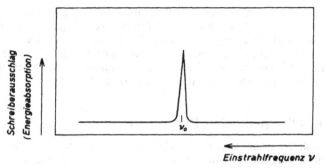

Einstrahlfrequenz ν

Abb. 1-5. Schematische Darstellung der Energieabsorption einer Probe im Magnetfeld in Abhängigkeit von der eingestrahlten Frequenz ν.

Die soeben beschriebene Methode, bei der man die Senderfrequenz so lange variiert, bis Energieabsorption („Resonanz") erfolgt, nennt man *Frequenz-Sweep*. Aus Gl. [1-9] geht hervor, daß man alternativ auch die Frequenz konstant halten und die Stärke des Magnetfeldes variieren könnte, bis die Resonanzbedingung erfüllt ist (*Feld-Sweep*). Das letztere Verfahren wird vor allem in NMR-Spektrometern älterer Bauart angewandt. Frequenz- und Feld-Sweep faßt man unter dem Begriff *Continuous Wave* (CW)-Verfahren zusammen, um auszudrücken, daß bei beiden jeweils eine physikalische Größe kontinuierlich verändert wird, um Energieabsorption durch die Probe zu erreichen. In Kapitel 2 werden wir ein weiteres Verfahren zur Beobachtung von NMR-Absorptionen kennenlernen, nämlich die *gepulste NMR-Spektroskopie*.

Wenn die auf den vorangegangenen Seiten erfolgte Beschreibung des NMR-Experimentes vollständig wäre, dann würde man eine gewisse Zeit nach Einschalten des RF-Senders kein NMR-Signal mehr sehen, weil die Besetzungszahlen der beiden Energieniveaus sich ausgeglichen hätten und deshalb keine Energieaufnahme mehr erfolgen könnte, es träte *Sättigung* ein. In Wirklichkeit können jedoch die Spins die aufgenommene Energie wieder abgeben und auf das untere Energieniveau zurückkehren, so daß wieder eine Besetzungsdifferenz der Niveaus eintritt, die ja die Voraussetzung für das Kernresonanz-Experiment ist. Der Vorgang der Energieabgabe wird *Relaxation* genannt, und da die Spins ihre überschüssige Energie auf die Umgebung übertragen, z. B. auf benachbarte Atome oder Moleküle (allgemein „Gitter" genannt, vgl. den Ausdruck „Kristallgitter"), spricht man von *Spin-Gitter-Relaxation*. Die Relaxation ist meist ein recht langsamer Vorgang, da die Atomkerne von ihrer Umgebung gut isoliert sind. Deshalb darf die Energie der RF-Strahlung nicht zu hoch sein, weil sonst eine Sättigung rasch erfolgt und nur noch eine schwache oder gar keine NMR-Absorption zu beobachten ist. Auf das Problem der Relaxation wird in späteren Kapiteln noch eingegangen werden.

1.4. Die spektralen Parameter

Nach der bisher gegebenen Schilderung könnte der Eindruck entstanden sein, daß in einer Substanzprobe alle Atomkerne derselben Isotopenart Absorptionen bei exakt derselben Senderfrequenz lieferten, also etwa in einem Magnetfeld von 23500 Gauß alle Protonen bei 100 MHz, alle ^{13}C-Kerne bei 25.1 MHz (s. Tab. 1-1) usw. Man könnte also jeweils nur die An- oder Abwesenheit bestimmter Kernarten feststellen. Wenn das der Fall wäre, hätte die NMR-Spektroskopie gewiss nicht den beträchtlichen Aufschwung erlebt, der ihr in den vergangenen 25 Jahren zuteil geworden ist, denn dieselbe Information wäre weit billiger und mit bedeutend weniger Aufwand z. B. durch eine Elementaranalyse zu erhalten. Tatsächlich gilt auch die obige Schilderung des Resonanzphänomens nur für vollkommen isolierte Kerne.

1.4.1. Chemische Verschiebungen

In einer realen Substanzprobe hängen die Resonanzfrequenzen von Kernen ein und derselben Isotopenart nicht nur von ihrem gyromagnetischen Verhältnis und der Stärke des Magnetfeldes sondern bis zu einem gewissen Grade auch von ihrer molekularen Umgebung ab. Das bedeutet, daß etwa die beiden Kohlenstoffkerne im Ethanol-Molekül, CH_3CH_2OH, im ^{13}C-NMR-Spektrum geringfügig unterschiedliche Lagen ihrer Resonanzsignale aufweisen, da sie „*chemisch nichtäquivalent*" sind: ihre Umgebung ist verschieden. Der Methylkohlenstoff ist nur an einen Kohlenstoff- und an Wasserstoffatome gebunden, während der Methylenkohlenstoff auch mit einem Sauerstoffatom verknüpft ist. Die Erscheinung der unterschiedlichen Absorptionsfrequenzen für chemisch unterscheidbare Atome derselben Isotopenart wird „*chemische Verschiebung*" genannt. Eine genaue Definition folgt weiter unten.

Die chemische Verschiebung ist (neben den später noch zu besprechenden *Spin-Spin-Kopplungen*) der Grund für den hohen Informationsgehalt von NMR-Spektren, denn aus ihr lassen sich Rückschlüsse auf die molekularen Umgebungen derjenigen Atome ziehen, deren Kerne zu den jeweiligen Signalen in einem NMR-Spektrum Anlaß geben.

Der Grund dafür, daß chemisch nichtäquivalente Kerne derselben Isotopenart nicht alle exakt dieselbe Resonanzfrequenz besitzen, liegt darin, daß am Ort der Kerne nicht genau die Feldstärke H_0 des NMR-Magneten herrscht, sondern eine etwas geringere effektive Feldstärke H_{eff}. Die Differenz zwischen H_0 und H_{eff} wird durch die in der Nähe eines Kerns befindlichen Elektronen verursacht. Diese erhalten im Magnetfeld eine zusätzliche Bewegung. Da bewegte elektrische Ladungen einen elektrischen Strom darstellen und dieser ein Magnetfeld erzeugt, verursacht die induzierte Elektronenbewegung ein zusätzliches Magnetfeld H_{zus}, dessen Richtung dem „äußeren" Feld H_0 entgegengesetzt ist und dieses daher abschwächt, Gl. [1-10]. Das Zusatzfeld ist umso stärker, je stärker H_0 ist: es ist proportional H_0, Gl. [1-11]. Der Proportionalitätsfaktor wird *Abschirmkonstante* σ genannt, weil das Zusatzfeld aufgrund seiner Richtung die Kerne praktisch vor dem äußeren Feld ein wenig abschirmt.

$$H_{eff} = H_0 - H_{zus} \qquad [1\text{-}10]$$

$$H_{zus} = \sigma H_0 \qquad [1\text{-}11]$$

Man faßt Gll. [1-10] und [1-11] zusammen und erhält für H_{eff} den Ausdruck [1-12]:

$$H_{eff} = H_0 - \sigma H_0 = H_0(1 - \sigma) \qquad [1\text{-}12]$$

Für einen nicht isolierten Kern muß also die Resonanzbedingung [1-9] modifiziert werden, indem man H_0 durch H_{eff} ersetzt. Gl. [1-9] geht dann über in Gl. [1-13].

$$\nu_0 = \gamma H_0(1 - \sigma)/2\pi \qquad [1\text{-}13]$$

Chemisch verschieden gebundene Kerne haben unterschiedliche Abschirmkonstanten, da ihre elektronische Umgebung nicht gleich ist und da sich deshalb im allgemeinen die an ihren Orten erzeugten Zusatzfelder unterscheiden. Man kann in erster Näherung sagen, daß das erzeugte Zusatzfeld (und damit σ) umso größer ist, je höher die Elektronendichte in der Umgebung eines Atomkerns ist. Bei konstanter Feldstärke H_0 benötigen wir also nach Gl. [1-13] eine niedrigere Frequenz, um ein Resonanzsignal für einen Kern im Bereich hoher Elektronendichte zu erzeugen (größeres σ, kleinerer Wert für $1 - \sigma \rightarrow$ kleineres v_0) als für einen Kern, in dessen Nachbarschaft sich weniger Elektronen befinden (kleineres σ, größerer Wert für $1 - \sigma \rightarrow$ größeres v_0). Angewandt auf das Beispiel des ^{13}C-NMR-Spektrums von Ethanol bedeutet dies, daß der Methylenkohlenstoff ein Signal bei höherer Senderfrequenz ergibt als der Methylkohlenstoff, weil die Elektronendichte bei ersterem wegen des benachbarten elektronegativen Sauerstoffatoms niedriger ist.

Bei älteren NMR-Spektrometern, die nach dem Feld-Sweep-Verfahren, also bei konstanter Senderfrequenz und variabler Feldstärke arbeiten, muß man, um die Resonanz des Methylkohlenstoffs zu beobachten, ein größeres Magnetfeld erzeugen als zur Beobachtung des Methylenkohlenstoffs. Daher stammen auch heute noch gebräuchliche Ausdrucksweisen wie „der Methylkohlenstoff absorbiert *bei höherer Feldstärke* als der Methylenkohlenstoff" oder „der Methylenkohlenstoff absorbiert *bei niedrigerer Feldstärke* als der Methylkohlenstoff". Beim Frequenz-Sweep-Verfahren lauten die entsprechenden Aussagen: „... Methyl *bei niedrigerer Frequenz* als Methylen ...", bzw. „... Methylen *bei höherer Frequenz* als Methyl...". Unglücklicherweise wird oft die Terminologie des Feld-Sweep-Verfahrens auf NMR-Spektren angewandt, die nach der Frequenz-Sweep-Methode erhalten werden. Verwirrungen vermeidet man, wenn man eine Ausdrucksweise benutzt, die unabhängig vom benutzten Verfahren ist, nämlich „der Methylkohlenstoff ist *stärker abgeschirmt* als der Methylenkohlenstoff" bzw. „der Methylenkohlenstoff ist *schwächer abgeschirmt* als (oder *entschirmt* relativ zum) Methylkohlenstoff".

Die Abschirmkonstanten sind sehr klein — sie liegen in der Größenordnung 10^{-5} für Protonen und 10^{-4} für ^{13}C-Kerne, so daß sich die Resonanzfrequenzen isotoper Kerne nicht sehr stark unterscheiden. Für ein 23500 Gauß-Magnetfeld, das in vielen NMR-Geräten angewandt wird, bewegen sich die Resonanzfrequenzen von Protonen etwa zwischen 100000000 und 100001500 Hz und diejenigen von ^{13}C-Kernen etwa zwischen 25143000 und 25149000 Hz. Um das unhandliche Operieren mit so großen Zahlen zu vermeiden, arbeitet man bei der Angabe von Signallagen nicht mit den absoluten Frequenzen, sondern man zieht es vielmehr vor, die Frequenzen relativ zu der Absorption einer *Standardsubstanz* anzugeben, die dann den Nullpunkt der Frequenzskala bildet. Sowohl in der ^{1}H- als auch in der ^{13}C-NMR-Spektroskopie hat man sich auf die Referenzverbindung Tetramethylsilan (TMS), $Si(CH_3)_4$, geeinigt, von der jeweils eine geringe Menge den zu untersuchenden Lösungen zugesetzt wird. TMS weist mehrere

12

Vorzüge auf, die seine Verwendung als Standard günstig erscheinen lassen:

— Es ist leicht löslich in den meisten organischen Lösungsmitteln.
— Es kann wegen seines niedrigen Siedepunktes (26°C) leicht wieder aus der Probenlösung entfernt werden.
— Es absorbiert in einem Frequenzbereich, in dem kaum andere Signale zu erwarten sind.
— Seine Resonanzfrequenz liegt so niedrig, daß fast alle Differenzen $v_{Substanz} - v_{TMS}$ positiv sind. Das gilt in ^{1}H- und ^{13}C-Spektren.

Aus der Resonanzbedingung geht hervor, daß die Absorptionsfrequenzen in NMR-Spektren von der Feldstärke des verwendeten Magneten abhängen. Da viele unterschiedliche Gerätetypen mit verschiedenen Magnetfeldstärken und folglich auch mit verschiedenen Senderfrequenzen auf dem Markt sind, wäre es unpraktisch, bei der Angabe von Resonanzfrequenzen stets die Magnetfeldstärke oder die Senderfrequenz mit angeben zu müssen. Um eine geräteunabhängige Skala zu haben, dividiert man deshalb die Frequenzdifferenz zwischen einem Signal und der Standardsubstanz durch die Senderfrequenz des Spektrometers oder, genauer gesagt, durch die Frequenz der Standardsubstanz in dem betreffenden Magnetfeld. Den erhaltenen Wert multipliziert man aus praktischen Gründen mit 10^6 und nennt das Resultat die *chemische Verschiebung* (Symbol δ), Gl. [1-14].

$$\delta_{Substanz} = \frac{v_{Substanz} - v_{Standard}}{v_{Standard}} \cdot 10^6 \qquad [1\text{-}14]$$

Ein Beispiel möge dies verdeutlichen. Im Magnetfeld von ca. 18 700 Gauß eines kommerziellen NMR-Spektrometers erscheint das ^{13}C-Resonanzsignal von Benzol bei einer Frequenz von 20 002 567.3 Hz, das Signal von TMS bei 20 000 000.0 Hz. Die chemische Verschiebung δ von Benzol beträgt dann

$$\delta_{C_6H_6} = \frac{v_{C_6H_6} - v_{TMS}}{v_{TMS}} \cdot 10^6 = \frac{20\,002\,567.3 - 20\,000\,000.0}{20\,000\,000.0} \cdot 10^6 = 128.37$$

Die chemische Verschiebung von TMS ist also definitionsgemäß Null, die chemischen Verschiebungen der meisten Kohlenstoffatome in organischen Verbindungen sind größer als Null, d.h. diese Kerne sind relativ zu TMS entschirmt. Ihre Signale erscheinen in der üblichen Darstellung von NMR-Spektren links vom TMS-Signal. Obwohl δ eine dimensionslose Größe ist, wird es oft in der „Einheit" ppm (parts per million) angegeben. Damit will man ausdrücken, daß der Quotient aus Frequenzdifferenz zum Standard und Frequenz des Standards mit 10^6 multipliziert wurde. Um dem Leser einen Eindruck vom Aussehen eines NMR-Spektrums zu vermitteln, ist in Abb. 1-6 das ^{13}C-Spektrum eines Gemisches aus TMS, Methanol, Dioxan, Tetrachlorkohlenstoff, Benzol und Schwefelkohlenstoff wiedergegeben. Es sind jeweils die δ-Werte und die auf das TMS-Signal bezogenen Frequenzen in einem Magnetfeld von 18700 Gauß (Senderfrequenz 20 MHz) aufgeführt.

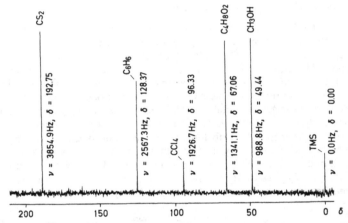

Abb. 1-6. ^{13}C-NMR-Spektrum eines Gemisches aus Tetramethylsilan (TMS), Methanol, Dioxan, Tetrachlorkohlenstoff, Benzol und Schwefelkohlenstoff (Magnetfeldstärke 18700 Gauß, Senderfrequenz 20 MHz).

1.4.2. Spin-Spin-Kopplungen

Ein weiterer Spektrenparameter, der an dieser Stelle eingeführt, aber erst in Kapitel 4 gründlicher abgehandelt werden soll, ist die *Spin-Spin-Kopplungskonstante*. In NMR-Spektren beobachtet man sehr häufig Signalaufspaltungen, die nicht auf Differenzen von chemischen Verschiebungen zurückgeführt werden können. Ein einfaches Beispiel aus der ^{1}H-NMR-Spektroskopie soll dies verdeutlichen. Das ^{1}H-Spektrum von Dichloracetaldehyd, $Cl_2CH-CHO$, ist schematisiert in Abb. 1-7 dargestellt. Da in diesem Molekül zwei chemisch unterscheidbare Protonen enthalten sind, würde man nach dem bisher Gesagten zwei Signale im ^{1}H-Spektrum erwarten. Tatsächlich findet man

jedoch vier Linien, die in zwei Paaren („Dubletts") auftreten. Diese
Erscheinung läßt sich so deuten: Das Aldehydproton H_A ist zusätzlich
zum Einfluß des äußeren Magnetfeldes und der im Molekül befindlichen Elektronen (die seine chemische Verschiebung verursachen) auch
Wirkungen des magnetischen Momentes des benachbarten Protons
H_X an der Dichlormethylgruppe ausgesetzt. Nach der Boltzmann-
Verteilung ist in fast genau der Hälfte der Moleküle der Spin von H_X
parallel zur Richtung des äußeren Feldes eingestellt, während er in der
anderen Hälfte der Moleküle antiparallel zur Feldrichtung steht. In
50% der Moleküle wirkt also auf H_A ein Feld, das gleich H_{eff} (Gl. [1-
12]) plus dem Beitrag von H_X ist, in den übrigen 50% ist das wirksame
Feld gleich H_{eff} minus dem Beitrag von H_X. Wir erhalten also für H_A
zwei Signale im Intensitätsverhältnis 50:50. Umgekehrt gilt natürlich
Entsprechendes für H_X, da dieses der Wirkung von H_A ausgesetzt ist,
dessen Spin sich ebenfalls mit je 50% Wahrscheinlichkeit parallel und
antiparallel zur Feldrichtung einstellt. Die Aufspaltung der Resonanzen eines Atomkerns durch die Spins benachbarter Kerne wird Spin-
Spin-Kopplung genannt. Der Abstand zwischen den zur Absorption
eines Kerns gehörenden Linien heißt Spin-Spin-Kopplungskonstante
(Symbol J) oder kurz Kopplungskonstante und wird stets in Hz gemessen.

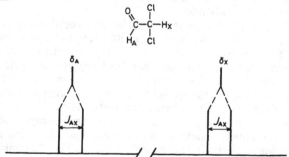

Abb. 1-7. ^{1}H-NMR-Spektrum (schematisch) von Dichloracetaldehyd.

Für den Fall, daß sich ein Proton H_A in der Nachbarschaft von *zwei*
chemisch äquivalenten Protonen H_X befindet, z.B. im Monochlor-
acetaldehyd werden die Verhältnisse ein wenig komplizierter. Die H_X-

15

Spins können nämlich entweder a) beide parallel zu H_0 ausgerichtet sein (symbolisch: ↑↑) oder b) beide antiparallel (↓↓) oder c) der erste parallel und der zweite antiparallel (↑↓) oder d) der erste antiparallel und der zweite parallel (↓↑). Jede dieser Möglichkeiten ist praktisch gleich wahrscheinlich. Jedoch ist der durch die Einstellungen c und d auf H_A ausgeübte Effekt gleich groß, so daß H_A in drei Linien aufspaltet: eine für Einstellung a, eine gleich intensive für Einstellung b und eine doppelt so intensive für die Einstellungen c und d gemeinsam. H_A erscheint demnach als ein $1:2:1$-Triplett. Die beiden H_X-Protonen geben (wie H_X im Dichloracetaldehyd) ein Dublett wegen der zwei möglichen Orientierungen des Spins von H_A*.

Betrachtet man die Einstellmöglichkeiten von N chemisch äquivalenten Protonen H_X in einem Molekül H_A-C ... C(H$_X$)$_N$, so kann man leicht ableiten, daß die Zahl der Linien (die *Multiplizität*) aus denen sich die Resonanz von H_A zusammensetzt, gleich $N + 1$ ist. Zwei benachbarte Protonen H_X verursachen also eine Aufspaltung der H_A-Resonanz in drei Linien, drei H_X-Protonen ergeben vier Linien für H_A usw. Die Linienintensitäten innerhalb der Multipletts folgen den Binominalkoeffizienten, d. h. in einem Dublett betragen sie $1:1$, in einem Triplett $1:2:1$, in einem Quartett $1:3:3:1$, in einem Quintett $1:4:6:4:1$ etc. Diese Erscheinung wird in dem Buch von *Ault* und *Dudek* ausführlich behandelt.

Aus den obigen Betrachtungen wird klar, daß Kopplungskonstanten unabhängig von der verwendeten Magnetfeldstärke sind, weil die Frequenzdifferenzen zwischen den Linien eines Multipletts nur durch die unterschiedlichen Orientierungen der Nachbarspins zustande kommen. Ist also in einem Spektrum unklar, ob gemessene Frequenzdifferenzen auf den Einfluß chemischer Verschiebungen oder auf Kopplungen zurückzuführen sind, so besteht ein einfaches Verfahren zur Unterscheidung darin, das Spektrum auf einem Spektrometer mit verschiedener Magnetfeldstärke zu wiederholen. Verändern sich die Signalabstände (gemessen in Hz), handelt es sich um Verschiebungsdifferenzen; bleiben sie gleich, hat man es mit Spin-Spin-Kopplungen zu tun.

Wird das Signal eines Kerns A durch Kopplung mit einem magnetisch aktiven Nachbarkern X aufgespalten, so muß sich dieselbe Auf-

---

* Eine Kopplung zwischen den beiden X-Protonen existiert zwar auch, Kopplungen zwischen Kernen gleicher chemischer Verschiebung haben in einfachen NMR-Spektren (sog. Spektren erster Ordnung) aber keinen Einfluß auf das Erscheinungsbild, vgl. *Ault/Dudek*, UTB 842, S. 28.

spaltung (in Hz gemessen) auch bei der Resonanz von X wiederfinden. Sind A und X Kerne derselben Isotopenart (z. B. beides Protonen), so spricht man von *homonuclearen Kopplungen,* sind es unterschiedliche Isotope (z. B. ^{1}H und ^{13}C) spricht man von *heteronuclearen Kopplungen* (oder kurz: *Heterokopplungen*).

Die Wechselwirkung zwischen den Kernspins erfolgt im allgemeinen nicht durch den Raum, sondern wird durch die Elektronen der zwischen ihnen befindlichen chemischen Bindungen übertragen. Es trifft in vielen Fällen zu, daß die Spin-Spin-Wechselwirkung umso stärker ist, je kleiner die Anzahl der Bindungen ist, durch die die Kerne voneinander getrennt sind. Oft findet man deshalb zwischen Kernen, die mehr als drei Bindungen voneinander entfernt sind, keine meßbaren Kopplungen mehr, d. h. $J = 0$ Hz.

Grundsätzlich können Kopplungen zwischen allen Kernen auftreten, die ein magnetisches Moment aufweisen, also etwa zwischen ^{13}C und ^{1}H, zwischen ^{13}C und ^{31}P, zwischen ^{1}H und ^{19}F usw. Sind an der Kopplung Kerne beteiligt, die mehr als zwei Orientierungsmöglichkeiten im Magnetfeld besitzen (Spinquantenzahl $I > \frac{1}{2}$), so ist die oben abgeleitete „$(N + 1)$-Regel" für die Multiplizität der Signale der Nachbarkerne nicht mehr gültig. Stattdessen gilt

$$\text{Multiplizität} = 2NI + 1 \qquad\qquad [1\text{-}15]$$

Die $(N+1)$-Regel ist also nur ein Sonderfall von Gl. [1-15] für $I = \frac{1}{2}$.

Koppelt ein Kern A gleichzeitig mit N Kernen vom Typ X und mit M Kernen vom Typ K und sind die Kopplungskonstanten J_{AX} und J_{AK} verschieden, so beträgt die Multiplizität von A

$$\text{Multiplizität} = (2NI_X + 1)(2MI_K + 1) \qquad\qquad [1\text{-}16]$$

Für den häufigen Fall, daß $I_X = I_K = \frac{1}{2}$, wird daraus:

$$\text{Multiplizität} = (N + 1)(M + 1) \qquad\qquad [1\text{-}17]$$

Besteht also eine Kopplung, J_{AK}, zwischen einem Kern H_A und einem Kern H_K und gleichzeitig eine Kopplung J_{AX} zwischen H_A und einem weiteren Kern H_X und ist J_{AK} verschieden von J_{AX}, so spaltet die Resonanz von H_A in $(1 + 1)(1 + 1) = 4$ Linien auf. Diese vier Linien formen nicht ein Quartett mit den relativen Intensitäten $1:3:3:1$, sondern ein Dublett, dessen beide Linien jeweils wieder in ein Dublett aufgespalten sind, ein sog. *Doppeldublett.* Die Intensitäten der vier Linien sind gleich. Ein solches Beispiel finden wir z. B. im ^{1}H-NMR-Spektrum von Styroloxid.

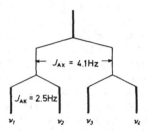

Dort beträgt $J_{AX} = 4.1$ Hz und $J_{AK} = 2.5$ Hz. Die für H_A resultierende Absorption ist in Abb. 1-8 schematisch dargestellt.

Abb. 1-8. ^{1}H-NMR-Absorption des Protons H_A in Styroloxid (schematisch).

Es treten vier Linien bei den Frequenzen v_1, v_2, v_3 und v_4 auf. Die Abstände $v_1 - v_2$ und $v_3 - v_4$ sind gleich der kleineren der beiden Kopplungskonstanten J_{AK}; die Abstände $v_1 - v_3$ und $v_2 - v_4$ entsprechen der größeren Kopplungskonstanten J_{AX}. Das Zustandekommen des Aufspaltungsmusters ist ebenfalls aus der Abbildung ersichtlich. Für eine ausführlichere Behandlung dieses Themas muß wieder auf das Buch von *Ault* und *Dudek* (S. 33 ff.) verwiesen werden. Es ist außerdem zu beachten, daß die erwähnten einfachen Regeln für Anzahl, Intensität und Abstand der Linien in Kopplungsmultipletts nur dann streng gelten, wenn *Spektren erster Ordnung* vorliegen, d. h. wenn die Differenzen von chemischen Verschiebungen (in Hz gemessen) zwischen bestimmten Kernen sehr viel größer sind (10fach oder mehr) als die Kopplungskonstanten zwischen diesen Kernen*.

Schließlich sei noch auf einen Punkt aufmerksam gemacht, der dann eine Rolle spielt, wenn man Kopplungen mit Isotopen betrach-

---

* Zur Behandlung von Spektren „höherer Ordnung" sei dem Leser das Buch „NMR-Spektroskopie" von *H. Günther* (Thieme-Verlag Stuttgart 1973) empfohlen.

tet, deren Anteil im natürlichen Isotopengemisch einer Kernart kleiner als 100% ist. In solchen Fällen sind die resultierenden NMR-Spektren das Resultat der Überlagerung der Spektren der verschiedenen *Isotopomeren*. (Isotopomere nennt man Moleküle, die sich voneinander nur durch den Ersatz eines oder mehrerer Atome durch ein Isotop derselben Kernart unterscheiden). Als einfaches Beispiel nehmen wir die ^{1}H- und ^{13}C-NMR-Spektren von Chloroform. Die Kopplungskonstante $^1J_{CH}$* zwischen ^{13}C und ^{1}H beträgt 210 Hz. Das natürliche Verhältnis der Kohlenstoffisotope (s. Tab. 1-1) bringt es mit sich, daß in einer CHCl$_3$-Probe 98.9% der Moleküle als ^{12}CHCl$_3$ vorliegen und nur 1.1% der Moleküle als ^{13}CHCl$_3$. Da ^{12}C ein Kern ohne magnetisches Moment ist und folglich keine Kopplung mit dem Proton hervorruft, beobachten wir im ^{1}H-Spektrum eine Singulett-Absorption der relativen Intensität 98.9 für die ^{12}CHCl$_3$-Moleküle und ein Dublett mit einer Aufspaltung von 210 Hz für die ^{13}CHCl$_3$-Moleküle. Die beiden Linien des Dubletts haben zusammen die relative Intensität 1.1, jede einzelne Linie daher die Intensität 0.55. Da die Absorption der ^{12}CHCl$_3$-Moleküle also ca. 200mal intensiver ist als die der ^{13}CHCl$_3$-Moleküle werden letztere normalerweise im ^{1}H-Spektrum nicht beobachtet. Man nennt diese kleinen Linien ^{13}*C-Satelliten.* Das Kohlenstoff-NMR-Spektrum registriert andererseits nur die ^{13}C-Kerne, und da jedes Molekül, in dem das Isotop ^{13}C vorkommt, ein Proton enthält, finden wir im ^{13}C-Spektrum lediglich ein Dublett, dessen Linienabstand ebenfalls 210 Hz beträgt. ^{1}H- und ^{13}C-Spektrum von CHCl$_3$ finden sich in Abb. 1-9.

Da man aus der Anzahl der durch Spin-Spin-Kopplung entstehenden Linien einer NMR-Absorption die Anzahl von benachbarten magnetisch aktiven Kernen im Molekül bestimmen kann, und da die Größe von Kopplungskonstanten Rückschlüsse auf den Abstand der koppelnden Kerne voneinander sowie auf ihre relative räumliche Anordnung erlaubt, sind Kopplungskonstanten ebenso wie chemische Verschiebungen wichtige Meßgrößen der NMR-Spektroskopie. Kenntnisse über Gesetzmäßigkeiten bei Spin-Spin-Kopplungen erleichtern also wesentlich die Bestimmung von Molekülstrukturen und von Konfiguration bzw. Konformation von Molekülen. In Kapitel 4 werden wir

---

* Eine hochgestellte Zahl vor dem Symbol *J* wird benutzt, um die Anzahl der Bindungen anzugeben, durch die die miteinander koppelnden Kerne voneinander getrennt sind. Dabei wird nicht zwischen Einfach- und Mehrfachbindungen unterschieden.

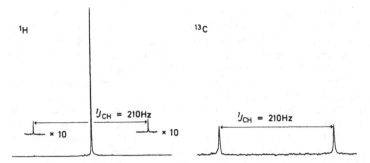

Abb. 1-9. ^{1}H-NMR-Spektrum mit ^{13}C-Satelliten (links) und ^{13}C-NMR-Spektrum (rechts) von Chloroform. Die Intensitäten der ^{13}C-Satelliten im ^{1}H-Spektrum sind zehnfach überhöht dargestellt.

ausführlich auf empirische Beziehungen zwischen Kopplungskonstanten und Molekülbau eingehen.

Durch Spin-Spin-Kopplung komplizierte NMR-Spektren lassen sich durch ein spezielles experimentelles Verfahren vereinfachen, das man *Entkopplung* oder *Doppelresonanz* nennt. Hierbei wird die Substanzprobe außer der zur Beobachtung nötigen RF-Strahlung variabler Frequenz noch mittels eines zweiten Senders einer Strahlung konstanter Frequenz v_2 ausgesetzt. v_2 wird so gewählt, daß sie mit der Resonanzfrequenz des Zentrums eines Kopplungsmultipletts für einen Kern X übereinstimmt. Dies hat zur Folge, daß schnelle Übergänge zwischen den für X möglichen Spinorientierungen erfolgen. Die Nachbarkerne A, K etc. unterliegen daher nicht mehr den Einflüssen der verschiedenen Orientierungen von X im Magnetfeld, sondern sie nehmen nur noch eine gemittelte Orientierung von X wahr: ihre Resonanzsignale werden nicht mehr durch Spin-Spin-Kopplung mit X aufgespalten: die Kerne sind von X entkoppelt. Die Kopplungskonstanten J_{AX}, J_{KX} etc. erscheinen im Spektrum nicht mehr, ihre effektive Größe ist gleich Null. Durch Vergleich von „normalen" und entkoppelten Spektren läßt sich also leicht nachweisen, welche Kerne miteinander gekoppelt sind. Das ist von besonderem Vorteil in sehr komplizierten Spektren, wo das Kopplungsmuster nicht ohne weiteres interpretiert werden kann. Zur Auslöschung großer Kopplungskonstanten benötigt man eine höhere Entkopplungsleistung als für kleinere. Strahlt man mit ungenügender Amplitude ein, so bewirkt man unvollständige Entkopplung. Einen ähnlichen Effekt beobachtet man, wenn zwar die Amplitude der Entkopplungsstrahlung groß ist, die Einstrahlfrequenz jedoch nicht mit der Resonanzfrequenz eines Kerns übereinstimmt (sog. *„Off-Resonance-Entkopplung"*). Im letzteren Fall haben die im Spektrum auftretenden Kopplungskonstanten Werte, die zwischen Null (vollständige Entkopplung) und ihrem wahren Wert (ungestörtes Spektrum) liegen; man nennt die verkleinerten Aufspaltungen *Restkopplungen* J_r. Wegen des besonderen Empfindlichkeitsproblems, dem man in der ^{13}C-NMR-Spektroskopie gegenübersteht (kleines magnetisches Moment von ^{13}C, geringes natürliches Vorkommen), werden normalerweise die ^{13}C-Kerne von sämtlichen Protonen entkoppelt. Dies geschieht durch Wahl einer Entkopplungsfrequenz, die in der Mitte der ^{1}H-Resonanzen liegt. Man strahlt mit sehr hoher Leistung ein und moduliert die Entkopplungsfrequenz derart, daß ein Band von Frequenzen resultiert, das den gesamten Bereich der Protonenabsorptionen überstreicht. Dieses Verfahren heißt *Rausch-* oder *Breitbandentkopplung*. Enthält das untersuchte Molekül keine anderen magnetisch aktiven Kerne („Heterokerne"), dann besteht das ^{13}C-Spektrum nur aus Singulettabsorptionen, deren Signalhöhe natürlich sehr viel größer ist als die von vielfach aufgespaltenen Signalen. Entsprechend leichter ist ein rauschentkoppeltes ^{13}C{^{1}H}-Spektrum* zu erhalten. Mit der vollständigen Entkopplung der Protonen gehen allerdings auch alle Informationen verloren, die man aus den C,H-Kopplungskonstanten gewinnen könnte. Oft greift man deshalb zu einer Kompromißlösung und wendet die oben geschilderte Off-Resonance-Entkopplung an. Dabei wählt man eine unmodulierte Entkopplerfrequenz, die außerhalb des Protonenresonanz-Bereichs liegt, meist bei kleinerer Frequenz als das TMS-Signal, also bei negativen δ_H-Werten, und eine hohe Einstrahlleistung. Das hat zur Folge, daß kleine C,H-Kopplungen vollständig ausgelöscht und große C,H-Kopplungen stark reduziert werden. Da $^1J_{CH}$-Werte stets sehr viel größer sind (120 bis 250 Hz, vgl. Kapitel 4) als C,H-Kopplungen über zwei und mehr Bindungen (0 bis 12 Hz, selten bis 50 Hz), sind in einem derart off-resonance-entkoppelten ^{13}C{^{1}H}-Spektrum (engl. *SFORD: single frequency off-resonance decoupled*) meist nur reduzierte $^1J_{CH}$-Werte sichtbar; weitreichende Kopplungen verschwinden. Aus der Multiplizität der mit dieser Technik erhaltenen Signale läßt sich dann sehr

---

* Bei der Beschreibung von Doppelresonanz-Experimenten gibt man oft die zu entkoppelnde Kernart in geschweiften Klammern hinter der zu beobachtenden Kernart an.

schön der Substitutionsgrad der Kohlenstoffatome bestimmen, denn primäre Kohlenstoffe (CH$_3$) erscheinen im SFORD-Spektrum als Quartetts durch Restkopplung mit drei direkt gebundenen Protonen, sekundäre (CH$_2$) als Tripletts, tertiäre (CH) als Dubletts und quartäre (C) als Singuletts. Damit steht eine äußerst nützliche Methode zur Zuordnung von ^{13}C-Signalen zu den Kohlenstoffatomen einer untersuchten Substanz zur Verfügung. In der Praxis ist die Off-Resonance-Entkopplung so wichtig, daß es sinnvoll erschien, sie schon an dieser Stelle einzuführen, obwohl sie gründlicher erst in Kapitel 5 unter den Zuordnungstechniken besprochen wird. Es wäre jedoch unrealistisch, dem Leser in Kapitel 3 Übungsaufgaben anzubieten, in denen er allein mit Hilfe von chemischen Verschiebungen ^{13}C-Spektren interpretieren soll, denn in der Praxis wird er meistens die Informationen aus einem SFORD-Spektrum zur Verfügung haben. Abb. 1-10 zeigt die Gegenüberstellung des rauschentkoppelten und des SFORD-^{13}C{^{1}H}-Spektrums von 3-Methylbuttersäure-methylester, in dem die vier möglichen Substitutionsgrade des Kohlenstoffs enthalten sind.

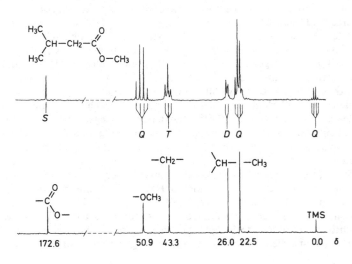

Abb. 1-10. ^{1}H-rauschentkoppeltes (unten) und ^{1}H-Off-Resonance-entkoppeltes (oben) ^{13}C-NMR-Spektrum von 3-Methylbuttersäure-methylester (in d$_6$-Benzol). Die Entkopplerfrequenz im oberen Spektrum entspricht δ_H = ca. -6 ppm.

1.4.3. Signalintensitäten

Von der ^{1}H-NMR-Spektroskopie her ist man gewohnt, daß die Fläche, das Integral, eines Absorptionssignals proportional zur Zahl der Protonen ist, die für die Absorption verantwortlich sind (vgl. *Ault/Dudek*, S. 14 ff.). So kann man einerseits das relative Verhältnis chemisch nichtäquivalenter Protonen innerhalb eines Moleküls bestimmen, andererseits auch das Molverhältnis von mehreren Substanzen, die in einem Gemisch vorliegen. Aus bestimmten Gründen sind die Signalintensitäten in der ^{13}C-Spektroskopie im allgemeinen nicht für quantitative Aussagen verwertbar.

Wegen der geringen Empfindlichkeit des ^{13}C-Kerns reicht normalerweise eine einzelne Aufnahme eines Spektrums nicht aus, sondern es ist erforderlich, ein Spektrum sehr oft nacheinander aufzunehmen und die erhaltenen Spektralkurven zu addieren. Dies geschieht mittels eines Computers. Da jedes Spektrum aus (gewünschten) Signalen und zusätzlich aus (unerwünschtem) Rauschen besteht, das Rauschen aber im Gegensatz zu den Signalen statistisch über den spektralen Bereich verteilt ist, gelingt es, mit zunehmender Anzahl der Aufsummierungen („*Akkumulationen*") das Rauschen aus dem Spektrum herauszumitteln. Das Verhältnis *Signal/Rauschen* (engl. *signal/noise, S/N*), das ein Maß für die Qualität eines Spektrums ist, verbessert sich, und zwar gilt für das *S/N*-Verhältnis nach n Akkumulationen

$$(S/N)_n = \sqrt{n}\,(S/N)_1 \qquad\qquad [1\text{-}18]$$

wobei $(S/N)_1$ das *S/N*-Verhältnis nach einem Durchgang durch das Spektrum ist. Nach 100 Akkumulationen ist *S/N* also $\sqrt{100} = 10$mal besser als nach einem Durchgang. Aus Zeitersparnisgründen läßt man die einzelnen Durchgänge ziemlich rasch aufeinander folgen. Das bedingt, daß die ^{13}C-Kerne außer beim ersten Durchgang nicht vollständig relaxiert sind, daß der Besetzungsunterschied, $\Delta N = N_- - N_+$, der Energieniveaus also einen kleineren Wert hat, als einer ungestörten Boltzmann-Verteilung entspricht. Da die Relaxationsgeschwindigkeiten von ^{13}C-Kernen im allgemeinen recht klein und auch recht unterschiedlich sind, sind die Signale während der Akkumulation verschieden stark gesättigt, und die Signalflächen stellen kein genaues Maß mehr für die Anzahl der Kohlenstoffatome dar, die zu den einzelnen Signalen Anlaß geben.

Eine zweite Ursache für unzuverlässige Signalintensitäten in ^{13}C-Spektren besteht im *Kern-Overhauser-Effekt* (engl. *Nuclear Overhauser Enhancement, NOE*), der auftritt, wenn die ^{13}C-Kerne von den

Protonen entkoppelt werden. Der durch die starke Entkoppler-Strahlung erfolgende Ausgleich der Besetzungsunterschiede zwischen den ^{1}H-Energieniveaus hat aus Gründen, auf deren Erläuterung hier verzichtet wird, zur Folge, daß die Besetzung der niedrigen ^{13}C-Niveaus größer ist, als der Boltzmann-Verteilung entsprechen würde, daß die Integrale der ^{13}C-Absorptionen also größer sind als ohne ^{1}H-Entkopplung. Der Intensitätsgewinn durch den NOE kann in ^{13}C[^{1}H]-Spektren bis zu 199% betragen, d.h. die Intensität eines Signals, die ohne Entkopplung 1.00 beträgt, kann durch die Entkopplung auf bis zu 2.99 ansteigen. Die Größe des NOE hängt vom Relaxationsmechanismus der ^{13}C-Kerne ab. Er erreicht seinen Maximalwert bei ausschließlichem Vorliegen von *Dipol-Dipol-Relaxation* (s. Kapitel 5). Diese ist besonders wirksam, wenn Protonen an den ^{13}C-Kern gebunden sind. Quartäre Kohlenstoffatome können einen sehr viel geringeren NOE erfahren als protonentragende. Es können aber auch verschiedene an Protonen gebundene Kohlenstoffatome in einem Molekül verschiedene NOEs haben. Das Auftreten eines unterschiedlich großen NOE für einzelne C-Atome führt wiederum zu Unsicherheiten, wenn man Signalintensitäten zur Ableitung quantitativer Aussagen heranzieht.

Schließlich sind noch gerätetechnische Verfälschungen von Signalintensitäten möglich, auf die wir in Kapitel 2 zurückkommen werden.

1.5. Das Empfindlichkeitsproblem in der ^{13}C-NMR-Spektroskopie

Wie schon in den vorangegangenen Abschnitten mehrfach erwähnt, besteht das Hauptproblem der ^{13}C-NMR-Spektroskopie in der recht geringen Empfindlichkeit dieser Methode. Das beruht einmal auf dem kleinen magnetischen Moment von ^{13}C (μ_C = 0.2514 μ_H), wodurch sich aus der Theorie eine Empfindlichkeit von 0.2514^3 = 0.0159 relativ zu einer gleich großen Anzahl von ^{1}H-Kernen in einem Magnetfeld gleicher Stärke ergibt. Hinzu kommt noch, daß die Häufigkeit von ^{13}C im natürlichen Kohlenstoff-Isotopengemisch nur 1.108% beträgt. Die Kombination dieser beiden ungünstigen Faktoren resultiert in einer Empfindlichkeit von ^{13}C relativ zu ^{1}H von 0.0159 · 0.01108 = 0.000176 oder von ca. 1:5700.

Ein denkbarer Weg zur Überwindung des Empfindlichkeitsproblems wäre eine künstliche Anreicherung des ^{13}C-Gehalts in den zu untersuchenden Molekülen. Diese Lösung wäre aber einerseits für Routineuntersuchungen viel zu kostspielig und würde aufwendige Synthesen erfordern, andererseits ginge ein großer Teil der gewonnenen Empfindlichkeit wieder dadurch verloren, daß die Resonanzen durch ^{13}C-^{13}C-Spin-Spin-Kopplungen in komplizierte Multipletts aufgespalten würden. Bei natürlicher Häufigkeit von ^{13}C-Kernen tritt diese Komplikation nicht auf, da die Wahrscheinlichkeit, in einem Molekül zwei ^{13}C-Kerne an vorgegebenen Positionen zu finden, nur $0.01108^2 = 1.23$ $\cdot 10^{-4}$ (0.0123%) beträgt. Eine sehr nützliche Technik zur Verbesserung des Signal/Rausch-Verhältnisses ist hingegen die Rauschentkopplung der Protonen (s. S. 21). Die Empfindlichkeitssteigerung beruht hierbei sowohl auf dem Kollaps der durch C, H-Kopplung hervorgerufenen Multipletts als auch auf dem mit der Entkopplung einhergehenden Kern-Overhauser-Effekt (NOE, s. S. 23). Im protonengekoppelten ^{13}C-Spektrum der Ameisensäure, HCO_2H, findet man z. B. ein 1:1-Dublett; Entkopplung des direkt an den Kohlenstoff gebundenen Protons ergibt nicht nur eine Verdoppelung der Signalhöhe durch Zusammenfallen der beiden Linien sondern zusätzlich durch den hier voll wirksamen NOE eine Verstärkung um den Faktor 3, so daß das Signal/Rausch-Verhältnis durch die Entkopplung insgesamt versechsfacht wird.

In Abschnitt 1.4.3. wurde als Mittel zur Verbesserung des *S/N*-Verhältnisses bereits kurz die Spektrenakkumulation erwähnt. Hierbei wird ein Spektrum während der Aufnahme in den Speicher eines Computers eingelesen. Die zur Verfügung stehenden Kernspeicherplätze („Kanäle") werden gleichmäßig auf die spektrale Breite, d. h. den zu messenden Bereich des Spektrums, verteilt, so daß jeder Kanal einen bestimmten Ausschnitt des Spektrums, etwa 1 oder 2 Hz umfaßt. Nach einmaligem Durchfahren des Spektrums ist in jedem Kanal die Amplitude der Spektralkurve für die entsprechende Frequenz abgespeichert. Derselbe spektrale Bereich wird nun wiederholt aufgenommen und dabei der in jedem einzelnen Kanal gemessene Amplitudenwert zu dem bereits gespeicherten Wert addiert. Da ein Signal stets in demselben Kanal registriert wird (wenn die Magnetfeldstärke über einen langen Zeitraum exakt konstant bleibt), ist die nach jedem Durchgang erhaltene Amplitudensumme für ein Signal proportional zur Anzahl der Akkumulationen. Die Amplitude des Rauschens variiert in den einzelnen Kanälen jedoch von Durchgang zu Durchgang, so daß die Amplitudensumme für das Rauschen nur der Wurzel aus der Zahl der Akkumulationen proportional ist. Daraus ergibt sich für das allein interessierende Verhältnis von Signal/Rauschen die auf S. 23 angeführte Gl. [1-18].

Ein Nachteil dieses Akkumulationsverfahrens ist der hohe Zeitbedarf, der daraus resultiert, daß zu jeder gegebenen Zeit während eines

NMR-Experiments nur ein bestimmter Punkt im Spektrum beobachtet wird. Es wäre deshalb denkbar, ein Multikanal-Spektrometer mit vielen Sendern und Empfängern zu konstruieren, die jeweils nur in einem kleinen spektralen Bereich senden und registrieren, aber alle synchron arbeiten würden. Die Aufnahmezeit würde sich dann um einen Faktor reduzieren, der gleich der Anzahl der Sende- bzw. Empfangseinheiten wäre. Aus Kostengründen ist aber eine solche Technik nicht praktikabel. Es gibt jedoch eine Methode, mit der man im Prinzip dasselbe Ziel erreicht wie mit einem Multikanal-Spektrometer, nämlich eine Verkürzung der Aufnahmezeit (d. h. eine Erhöhung der Empfindlichkeit) durch gleichzeitige Beobachtung aller Resonanzen in einem gegebenen spektralen Bereich. Dies ist das *Puls-Fourier-Transformations-Verfahren,* mit dem wir uns wegen seiner außerordentlichen Bedeutung für die ^{13}C-NMR-Spektroskopie in einem eigenen Kapitel befassen wollen.

2. Puls-Fourier-Transformations-Technik

Wie bereits im ersten Kapitel ausgeführt, geht mit der CW-Spektroskopie (S. 9) deshalb ein so hoher Zeitbedarf einher, weil sie *monochromatisch* arbeitet: zu jedem Zeitpunkt während der Aufnahme eines Spektrums wird nur eine bestimmte Frequenz eingestrahlt bzw. beobachtet. Da wegen der geringen Empfindlichkeit des ^{13}C-Kerns die Spektrenakkumulation meist unerläßlich ist, war man bestrebt, eine praktikable Technik zu entwickeln, durch die die erforderliche Zeit für einen einzelnen Durchgang („Scan") durch ein Spektrum verkürzt werden konnte. Dies gelang mit der *Puls-Fourier-Transformations-(PFT-)Spektroskopie,* bei der alle Resonanzen in einem Spektrum gleichzeitig angeregt werden. Anstelle der langsam variierten monochromatischen Senderfrequenz wird hier die Substanzprobe einem Radiofrequenz-(RF-)Impuls der Dauer t_p ausgesetzt. Ein solcher Impuls enthält nicht nur die *Trägerfrequenz* v_1, sondern zusätzlich weitere Frequenzen (die sog. *„Fourier-Komponenten",* vergleichbar mit den Obertönen in der Akustik), die sich über den Bereich $v_1 - \frac{1}{t_p}$ bis $v_1 + \frac{1}{t_p}$ erstrecken. Je kürzer die Pulsdauer t_p ist, umso größer ist der abgedeckte Frequenzbereich. Durch den Impuls werden also alle Resonanzfrequenzen gleichzeitig angeregt: das Verfahren arbeitet *polychromatisch.*

2.1. Das Puls-Experiment

Wie reagiert nun das Spinsystem einer NMR-Probe auf die Einwirkung des RF-Impulses? Im einleitenden Kapitel wurde gezeigt, daß in einem statischen Magnetfeld die magnetischen Momente von Kernen mit $I = \frac{1}{2}$ um die Feldrichtung (d. h. definitionsgemäß um die z-Achse eines rechtwinkligen Koordinatensystems) präzedieren, wobei sie den Mantel eines Doppelkegels überstreichen (Abb. 2-1 a). Die Präzessionsfrequenz $\omega_0 = 2\pi v_0$ wird *Larmor-Frequenz* genannt. Der Anteil der Kernmomente, die um die positive z-Achse präzedieren ist geringfügig größer als der Anteil, der um die negative z-Achse präzediert. Um die Vorgänge, die sich bei einem Puls-Experiment abspielen, verständlicher zu machen, wenden wir nun einen Kunstgriff an. Wir stellen uns vor, daß der Beobachter des Experiments ebenfalls mit der Larmor-Frequenz um die z-Achse rotiert. Er befindet sich dann in einem *rotierenden Koordinatensystem,* dessen Achsen wir mit x', y' und z bezeichnen. Für diesen Beobachter präzedieren die Kernmomente

27

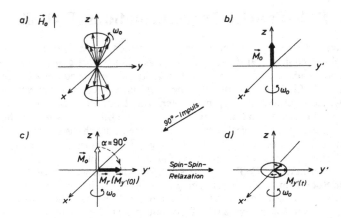

Abb. 2-1. Puls-Experiment und Spin-Spin-Relaxation: a) Präzession der magnetischen Momente im Magnetfeld $\vec{H}_0$, b) makroskopische Magnetisierung $\vec{M}_0$ im rotierenden Koordinatensystem, c) Einfluß eines RF-Impulses auf die Magnetisierung, d) Verlust der Phasenkohärenz durch Spin-Spin-Relaxation.

nicht mehr um die z-Achse, sondern sie stehen still. Die für die Erzeugung einer NMR-Absorption entscheidende Vektorsumme der Kernmomente, die *makroskopische Magnetisierung* $\vec{M}_0$ der untersuchten Substanzprobe, ist stationär und fällt mit der z-Achse zusammen (Abb. 2-1 b).

Läßt man einen RF-Impuls in x'-Richtung auf die Probe einwirken, so wird $\vec{M}_0$ aus der z-Richtung in die y'-Richtung gedreht (Abb. 2-1 c), und zwar ist der Drehwinkel α proportional der Dauer t_p des Impulses („*Pulsbreite*", engl. pulse width, *PW*).

$$\alpha = \gamma H_1 t_p \qquad [2\text{-}1]$$

Einen Impuls, dessen Dauer so groß ist, daß er $\vec{M}_0$ um 90° dreht, also genau in die x', y'-Ebene, nennt man *90°-Impuls*. Wie groß die Dauer $t_p(90°)$ des Impulses sein muß, damit $\alpha = 90°$ wird, hängt nach Gl. [2-1] von der Senderleistung γH_1 ab; t_p (90°) ist also eine Gerätekonstante. Da sich die Empfängerspule eines NMR-Spektrometers normalerweise auf der y'-Achse des rotierenden Koordinatensystems befindet, hat das beobachtete Signal, d. h. die in der Empfängerspule induzierte Spannung, die maximale Intensität, wenn M_0 genau in die x', y'-Ebene gedreht wird.

28

Unmittelbar nach dem Ende eines 90°-Impulses zeigt also der resultierende Magnetisierungsvektor M_r im rotierenden Koordinatensystem in y'-Richtung. Im ruhenden Koordinatensystem bedeutet das, daß M_r mit ω_0 um die z-Achse rotiert oder, wenn man die einzelnen Spins betrachtet, daß sie phasengleich um die z-Achse präzedieren. Nun setzt aber ein gegenseitiger Energieaustausch ein (*Spin-Spin-Relaxation*), der bewirkt, daß allmählich einige Spins langsamer, andere schneller rotieren, so daß die *Phasenkohärenz* (im ruhenden Koordinatensystem betrachtet) verloren geht, bzw. die Magnetisierung $M_{y'}$ in y'-Richtung (im rotierenden Koordinatensystem) gegen Null geht (Abb. 2-1 d). $M_{y'}$ und damit die in der Empfängerspule induzierte Spannung fällt exponentiell nach Gl. [2-2] ab.

$$M_{y'(t)} = M_{y'(0)}\, e^{-t/T_2} \qquad [2\text{-}2]$$

Die Zeitkonstante T_2 für diesen Abfall heißt *Spin-Spin-Relaxationszeit*. Sie gibt den Zeitpunkt nach Ende des Impulses an, an dem die registrierte Spannung auf $1/e$ ihres Anfangswertes abgenommen hat. Nach $t = 5\,T_2$ ist $M_{y'} = 0.007\, M_{y'(0)}$, d. h. das Signal ist praktisch vollständig abgeklungen.

Den Verlauf der Zeit/Spannungs-Kurve nennt man *freien Induktionszerfall* (engl. *Free Induction Decay, FID*). Wenn die Trägerfrequenz v_1 des Pulses gleich der Resonanzfrequenz der Kerne $v_0 = \omega_0/2\pi$ ist, entspricht der FID der einfachen Exponentialfunktion [2-2] (Abb. 2-2a). Unterscheiden sich aber v_1 und v_0 — dies ist der Normalfall —, dann präzediert $M_{y'}$ relativ zum rotierenden Koordinatensystem und der Empfänger registriert eine periodische Spannungsänderung, die exponentiell abklingt. Das Resultat ist eine *gedämpfte Cosinusschwingung*, Gl. [2-3] (Abb. 2-2b).

$$M_{y'(t)} = M_{y'(0)}\, e^{-t/T_2} \cos(2\pi\,\Delta v\,t) \qquad [2\text{-}3]$$

In Gll. [2-2] und [2-3] ist $M_{y'(0)}$ die y'-Magnetisierung unmittelbar nach dem Impulsende und t die Zeit, die seit dem Impulsende verstrichen ist. Der Abstand der im FID auftretenden Maxima ist gleich dem Reziprokwert der Differenz Δv zwischen v_0 und v_1.

Parallel zur Spin-Spin-Relaxation findet die bereits auf S. 10 erwähnte *Spin-Gitter-Relaxation* statt, die dadurch zustande kommt, daß die Spins Energie an ihre Umgebung abgeben und somit wieder einer ungestörten Boltzmann-Verteilung zustreben. Der Magnetisierungsvektor M_r bewegt sich wieder auf die z-Achse zu. Die Spin-Gitter-Relaxation zeigt ebenfalls den Verlauf einer Exponentialfunktion. Ihre Zeitkonstante T_1 heißt *Spin-Gitter-Relaxationszeit*. Die Beziehung zwischen der Magnetisierung $M_{z(t)}$ in z-Richtung zur Zeit t nach dem Impulsende und der Gleichgewichtsmagnetisierung M_0 wird durch Gl. [2-4] wiedergegeben.

$$M_{z(t)} = M_0(1 - e^{-t/T_1})$$ [2-4]

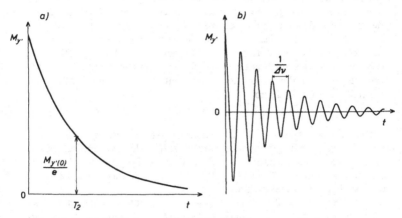

Abb. 2-2. Freier Induktionszerfall für den Fall a) $\nu_0 = \nu_1$, b) $\nu_0 \neq \nu_1$.

Abb. 2-3 zeigt den Verlauf dieser Funktion. Nach der Zeit $t = T_1$ fehlt der Magnetisierung in z-Richtung noch $1/e$ ihres Gleichgewichtswertes M_0. Da spätestens bei vollständiger Spin-Gitter-Relaxation – M_r bewegt sich in z-Richtung („*longitudinale Relaxation*", T_1-Prozess) — auch die y'-Komponente der Magnetisierung verschwunden ist („*transversale Relaxation*", T_2-Prozess), gilt immer $T_2 \leq T_1$.

Die Spin-Gitter-Relaxationszeit T_1 spielt eine große Rolle, wenn man FIDs aus Gründen der Empfindlichkeitssteigerung akkumuliert. Die Intensität eines FID-Signals, das durch einen Impuls hervorgerufen wird, ist nur dann gleich groß, wie die desjenigen FID-Signals, das vom vorhergehenden Impuls verursacht wurde, wenn die Zeit zwischen den beiden Impulsen groß genug ist, daß die Boltzmann-Verteilung sich wieder vollständig einstellen kann. Das ist praktisch nach einer Zeit von $5\,T_1$ der Fall, wenn nämlich $1 - e^{-t/T_1} = 1 - e^{-5}$ ≈ 1 ist und somit $M_{z(t)} \approx M_0$. Ist die Zeit zwischen zwei $90°$-Impulsen erheblich kürzer als das Fünffache des T_1-Wertes für einen langsam relaxierenden Kern, dann wird die Intensität seines Signals geringer sein als die der Signale schneller relaxierender Kerne.

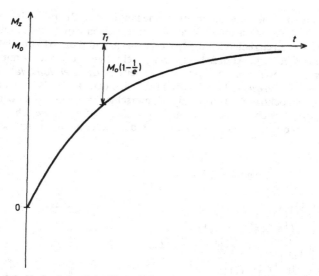

Abb. 2-3. Verlauf der Spin-Gitter-Relaxation. Zur Zeit $t = T_1$ nach Impulsende fehlt der z-Magnetisierung noch der Anteil $(1 - 1/e)\, M_0$ bis zum Gleichgewichtswert M_0.

2.2. Fourier-Transformation

Wir haben oben gesehen, daß man aus dem Abstand der Maxima im FID die Differenz zwischen der Frequenz v_0 einer Resonanzlinie und der Trägerfrequenz v_1 des Pulses (im Prinzip also die chemische Verschiebung eines Kerns) entnehmen kann, wenn man eine Probe untersucht, in der nur eine einzige Larmorfrequenz vorkommt. Enthält die Probe aber Kerne mit mehreren unterschiedlichen chemischen Verschiebungen, was ja der Normalfall ist, dann ist der FID gleich der Summe verschiedener gedämpfter Cosinusschwingungen. Es ist dann nicht mehr möglich, dieses *Interferogramm* durch Inspektion mit dem Auge zu analysieren. Durch ein mathematisches Verfahren, die *Fourier-Transformation (FT)*, kann jedoch der FID, der eine Zeitfunktion f(t) ist, in eine Frequenzfunktion F(v) umgewandelt werden. Diese Frequenzfunktion ist identisch mit dem normalen Absorptionsspektrum, wie wir es von der CW-Spektroskopie her kennen.

31

Da die Fourier-Transformation eine langwierige Operation ist, wird sie von einem meist im Spektrometer integrierten Computer durchgeführt, der zusätzlich auch die Impulssteuerung und die Akkumulation der FIDs besorgt. Abb. 2-4 zeigt zwei Spektren einer Substanz mit nur einer Larmor-Frequenz, und zwar jeweils in der *Zeitdomäne* (FID) und in der *Frequenzdomäne* (durch FT aus dem FID erhaltenes Absorptionsspektrum). Der einzige Unterschied zwischen den beiden Spektren besteht in der verschieden großen Differenz zwischen der Trägerfrequenz v_1 des Impulses und der Resonanzfrequenz v_0 der Kerne.

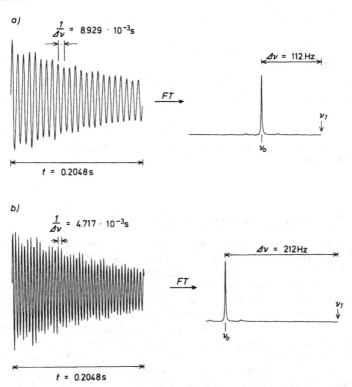

Abb. 2-4. Freier Induktionszerfall (links) einer Substanz mit nur einer Larmorfrequenz und zugehöriges durch Fourier-Transformation erhaltenes Absorptionsspektrum (rechts); a) $v_0 - v_1 = 112$ Hz, b) $v_0 - v_1 = 212$ Hz.

Aus Abb. 2-5 ist ersichtlich, wie kompliziert ein FID schon bei einfachen Molekülen wird, auch wenn immer noch relativ wenige Larmorfrequenzen zu seiner Entstehung beitragen.

Um den FID in digitaler Form im Computer abspeichern zu können, muß der Kurvenverlauf zuvor in diskrete Punkte zerlegt werden. Je größer die gewählte Anzahl der Punkte ist, umso genauer geben natürlich die abgespeicherten Zahlenwerte die tatsächliche Zeitfunktion wieder. Das Rechenprogramm, das die Fourier-Transformation vornimmt, arbeitet dann am effektivsten, wenn die Anzahl der Datenpunkte eine Potenz von 2 ist. Da die Anzahl der zur Verfügung stehenden Speicherplätze in den normalerweise verwendeten Kleinrechnern beschränkt ist, wird der FID meist in Form von 8192 (8K) oder 16384 (16K) Punkten gespeichert ($1K = 1024 = 2^{10}$).

Aus der Zahl der Datenpunkte N und der *Spektrenbreite* (engl. *spectral width*, *SW*), innerhalb derer man Signale zu beobachten wünscht (etwa 200 ppm, d.h. z.B. 4000 Hz bei 20 MHz Senderfrequenz für ^{13}C) ergibt sich nach Gl. [2-5] der Zeitraum nach dem Ende jedes Impulses, während dessen die Aufnahme des FID erfolgen muß. Dieser Zeitraum heißt *Aquisitionszeit* (engl. acquisition time, *AT*).

$$AT = \frac{N}{2 SW} \qquad [2\text{-}5]$$

In einem typischen Fall (8K Datenpunkte, 4000 Hz Spektrenbreite) beträgt AT also etwa 1 s. Diese kurze Aufnahmezeit begründet den Zeitgewinn der PFT- gegenüber der CW-Spektroskopie. Ein einzelner Durchgang durch ein CW-Spektrum dauert nämlich etwa 500 – 1000 s. Die Rechenzeit für die Fourier-Transformation, etwa 10 s für 8K Datenpunkte, fällt gegenüber der reinen Aufnahmezeit nicht ins Gewicht, wenn der Impuls/Datenaufnahme-Zyklus vielfach wiederholt wird, weil die FT nur am Ende der Akkumulation vorgenommen wird. Bei der Untersuchung von verdünnten Lösungen sind in der ^{13}C-Spektroskopie oft mehrere Tausend bis zu einigen Hunderttausend Zyklen notwendig. Sehr konzentrierte Lösungen von Substanzen mit niedrigem Molekulargewicht geben jedoch oft befriedigende Spektren schon nach einem Impuls. Die Dauer der RF-Impulse (einige Mikrosekunden) trägt zur Gesamtdauer eines Experiments praktisch nichts bei.

Will man vermeiden, daß die Resonanzen von Kernen mit langsamer Spin-Gitter-Relaxation zu stark gesättigt, ihre Signalintensitäten daher sehr gering werden, so schiebt man entweder vor jedem 90°-Impuls eine *Wartezeit* (engl. *pulse delay*, *PD*) ein, während derer die Kerne relaxieren können, oder man wählt eine kürzere Impulsdauer t_p, so daß die Magnetisierung nur um einen Winkel $\alpha < 90°$ aus der z-Richtung herausgedreht wird. Entsprechend kürzer ist dann die Zeit, bis die Magnetisierung ihre Gleichgewichtseinstellung wieder erreicht hat. In der Praxis wird meist die zweite Möglichkeit vorgezogen, und ein *„Flipwinkel"* von 30 bis 50° ist oft ein guter Kompromiß.

Um zu gewährleisten, daß bei aufeinanderfolgenden Scans während einer Akkumulation die Larmorfrequenzen der Substanzprobe stets exakt gleich sind, werden an die Konstanz der Magnetfeldstärke hohe Anforderungen gestellt. Bei den meisten Spektrometern erfolgt die Konstanthaltung der Feldstärke durch Messung der Resonanzfrequenz der Deuteriumkerne eines deuterierten Lösungsmittels. Weicht diese Resonanzfrequenz im Laufe der Messung durch Schwankungen der Feldstärke von ihrem Sollwert ab, so wird der Magnetstrom erhöht oder erniedrigt, bis der ursprüngliche Wert wieder hergestellt ist. Diese Stabilisierung der Feldstärke wird *„Lock"* genannt. Deuterierte Lösungsmittel in der ^{13}C-NMR-Spektroskopie bieten neben ihrer Eignung als Locksubstanz noch den Vorteil, daß sie nur Signale geringer Intensität liefern, weil sie einerseits bei Protonenentkopplung keine Kern-Overhauser-Verstärkung erfahren und andererseits durch ^{13}C,D-Kopplungen mehrfach aufgespalten sind. Sie stören deshalb im Spektrum nicht so sehr, wie analoge protonenhaltige Lösungsmittel dies täten. Die wichtigsten deuterierten Lösungsmittel mit ihren ^{13}C-spektroskopischen Daten und physikalischen Eigenschaften sind in Tab. 7-1 aufgeführt.

2.3. Mathematische Manipulation des FID

Die PFT-Spektroskopie bietet neben der Verkürzung der Aufnahmezeit relativ zur CW-Spektroskopie noch einen weiteren Vorteil. Da der FID in digitaler Form im Rechner gespeichert vorliegt, kann man ihn mathematisch manipulieren und erhält dann nach der Fourier-Transformation künstlich modifizierte Spektren. Multipliziert man die FID-Funktion mit einem Exponentialausdruck e^{-at}, so erreicht man, daß die Funktion schneller gegen Null abfällt, denn der Ordinatenwert eines Punktes wird mit einer umso kleineren Zahl multipliziert, je größer die seit dem Ende des Impulses verstrichene Zeit ist. Das aus dem derart manipulierten FID durch Fourier-Transformation erhältliche Spektrum zeichnet sich durch ein verbessertes Signal/Rausch-Verhältnis aus. Andererseits enthält es breitere Signale, da die Multiplikation denselben Effekt hat wie eine Verkürzung von T_2. Die Breite einer Linie auf halber Höhe („*Halbwertsbreite*") ist nämlich umgekehrt proportional zu T_2. Man kann also künstlich das Signal/Rausch-Verhältnis auf Kosten der Auflösung verbessern. Wenn die Auflösungsverschlechterung nicht nachteilig ist, d.h. wenn das Spektrum keine dicht beieinander liegenden Linien aufweist, kann die Multiplikation mit negativem Exponentialausdruck (engl. *sensitivity enhancement*) die notwendige Akkumulationszeit verkürzen, da weniger Scans benötigt werden, um ein gleich gutes Signal/Rausch-Verhältnis zu erzielen. Eine Multiplikation des FID mit einer Funktion e^{+at} hat den gegenteiligen Effekt: die Linien werden schärfer, das Rauschen im Spektrum steigt an. Dieses Verfahren (engl. *resolution enhancement*) kann dann nützlich sein, wenn sehr kleine Signalaufspaltungen im normalen Spektrum nur schwer zu erkennen sind. Voraussetzung für die Anwendung der künstlichen Auflösungsverbesserung ist natürlich ein genügend gutes Signal/Rausch-Verhältnis.

Ein Beispiel für beide Möglichkeiten der FID-Manipulation ist in Abb. 2-5 bis 2-7 dargestellt.

$$\left(\underset{3}{\underset{2}{\bigcirc}}-O\right)_3 P=O$$

Abb. 2-5a zeigt den ^{13}C-FID einer Lösung von Triphenylphosphat in C_6D_6 und Abb. 2-5b den Teil des transformierten Spektrums, der die Signale für die Kohlenstoffatome C-2, C-3 und C-4 sowie das Lö-

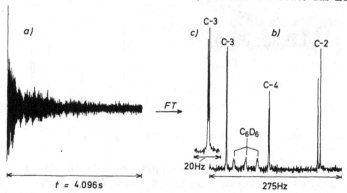

Abb. 2-5. ^{13}C-Spektrum von Triphenylphosphat in C_6D_6; a) unmanipulierter FID, b) Teil des zugehörigen Absorptionsspektrums, c) Spreizung des Signals von C-3.

sungsmittel enthält. Die drei Signale der Substanz sind durch ^{31}P,^{13}C-Kopplungen in Dubletts aufgespalten: $^3J_{P,\,C\text{-}2}$ = 5.1 Hz, $^4J_{P,C\text{-}3}$ = 1.0 Hz und $^5J_{P,C\text{-}4}$ = 1.3 Hz. Zur Verdeutlichung ist das C-3-Signal in Abb. 2-5c gespreizt aufgezeichnet.

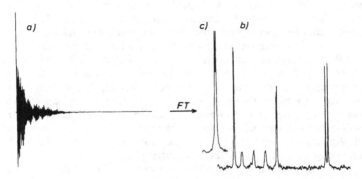

Abb. 2-6. wie Abb. 2-5, jedoch FID mit e^{at} (a < 0) multipliziert.

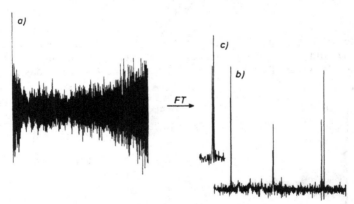

Abb. 2-7. wie Abb. 2-5, jedoch FID mit e^{at} (a > 0) multipliziert.

Abb. 2-6a zeigt den FID nach Multiplikation mit e^{at} (a < 0). Im zugehörigen transformierten Spektrum (Abb. 2-6b und 2-6c) hat das Rauschen ab- und die Linienbreite zugenommen, so daß die Dublettkomponenten nicht mehr so klar getrennt sind. Multiplikation des FID mit e^{at} (a > 0) ergibt das Bild in Abb. 2-7a. Das Rauschen im Absorptionsspektrum (Abb. 2-7b und 2-7c) nimmt so stark zu, daß das C_6D_6-Triplett kaum noch zu erkennen ist. Die Linien sind dafür jetzt so scharf, daß das Tal zwischen den beiden Frequenzen von C-3 die Grundlinie erreicht. Es liegt in der Natur dieser Manipulationen, daß Auflösungs- und Empfindlichkeitsverbesserung sich gegenseitig ausschließen.

2.4. Genauigkeit der spektralen Parameter

Eine Eigenart der Fourier-Transformation besteht darin, daß die Anzahl der Datenpunkte im transformierten Spektrum nur halb so groß ist wie im FID. Die Linienlagen im Spektrum sind also nicht besser definiert als $SW/(N/2)$, wobei SW die spektrale Breite und N die Punktzahl des FID ist. In einem 200 ppm umfassenden 20 MHz-^{13}C-Spektrum (Feldstärke 18 700 Gauß), das aus einem 8K-FID gewonnen wurde, beträgt die Genauigkeit der chemischen Verschiebungen ± 4000/4096 = ± 0.98 Hz oder ± 0.049 ppm. Kopplungskonstanten, also Differenzen zwischen zwei Frequenzen, sind mit dem doppelten Fehler, nämlich ± 1.96 Hz behaftet.

Man kann eine größere Genauigkeit erreichen, wenn man die zur Verfügung stehenden Kernspeicherplätze auf einen kleineren spektralen Bereich verteilt. Dabei tritt jedoch ein der PFT-Methode eigenes Problem auf, daß nämlich Signale, die außerhalb des interessierenden Bereichs liegen, um das Spektrenende in das Spektrum *„hineingefaltet"* werden. Ein Signal, das eigentlich bei einer Frequenz $SW + \nu$ erscheinen sollte, wird tatsächlich bei $SW - \nu$ gefunden. Allerdings sind diese gefalteten Signale leicht an einer *nicht korrigierbaren Phase* zu erkennen (sie haben nicht die Form eines reinen Absorptionssignals) und sind zudem abgeschwächt, da bei der Aufnahme des FID zumeist ein Frequenzfilter angewandt wird, das nur für Signale mit Frequenzen unterhalb von SW vollständig durchlässig ist. Bei der Aufnahme von Teilbereichen eines Spektrums hat man also stets mit Signalfaltungen zu rechnen. Geschickte Wahl von Impuls-Trägerfrequenz und spektraler Breite ermöglichen es aber fast immer, die Faltungen so zu steuern, daß die gewünschten Signale nicht stören. In Abb. 2-8 ist das 20 MHz-^{13}C-Spektrum von Ethylbenzol dargestellt, einmal aufgenommen mit $SW = 3000$ Hz = 150 ppm (a) und einmal mit $SW = 2000$ Hz = 100 ppm (b).

Im letzteren Fall liegen die Signale der aromatischen Kohlenstoffe, deren Verschiebungen δ zwischen 145 und 125 ppm betragen, außerhalb des spektralen Bereiches und werden um den Endpunkt des Spektrums (δ = 96.4 ppm) gefaltet. Sie erscheinen deshalb mit verzerrter Phase zwischen δ = 67 und 48 ppm.

Durch die beschränkte Anzahl der Datenpunkte im digitalisierten Spektrum können auch die Signalintensitäten verfälscht werden. Wenn ein typisches NMR-Signal beispielsweise die in Abb. 2-9a darge-

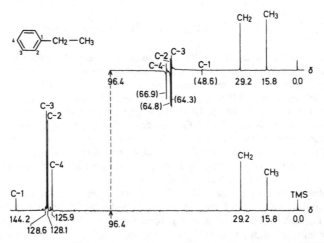

Abb. 2-8. 20 MHz-^{13}C-Spektrum von Ethylbenzol aufgenommen mit SW = 3000 Hz (unten) bzw. mit SW = 2000 Hz (oben). Im letzteren Fall sind die Aromatensignale um den Endpunkt des Spektrums gefaltet.

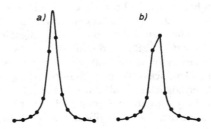

Abb. 2-9. Verfälschung der Signalform durch ungenügende Anzahl von Datenpunkten; a) korrekte Signalgestalt und Lage der Digitalisierungspunkte, b) vom Schreiber wiedergegebene Signalgestalt.

stellte Form hat und die Lage der Datenpunkte wie angegeben ist, dann erscheint das Signal auf dem Ausgabegerät (Schreiber oder Oszilloskop) wie in Abb. 2-9b. Die Verfälschung ist natürlich umso geringer, je größer die Zahl der Datenpunkte im Bereich der Absorption ist.

Nachdem wir in Kapitel 1 die Grundlagen der NMR-Spektroskopie eingeführt und in Kapitel 2 die für die ^{13}C-NMR-Spektroskopie wichtige Puls-Fourier-Transformations-Technik besprochen haben, können wir uns nun der Besprechung der spektralen Parameter, der chemischen Verschiebungen und Kopplungskonstanten, widmen und die empirischen Zusammenhänge zwischen diesen Parametern und der Molekülstruktur aufzeigen.

3. Chemische Verschiebungen von ^{13}C-Kernen

In der ^{13}C-NMR-Spektroskopie ist die chemische Verschiebung diejenige Meßgröße, die am einfachsten zu bestimmen ist und die den höchsten Informationswert bei der Strukturbestimmung organischer Moleküle besitzt. Während der Bereich der ^{1}H-Verschiebungen nur etwa 15 ppm umfaßt, erstrecken sich die ^{13}C-Verschiebungen in ungeladenen Molekülen über einen Bereich von etwa 220 ppm, wenn man von einigen Sonderfällen absieht (Metall-Carbin-Komplexe: δ bis etwa +450, Polyiodmethane: δ bis −300 ppm). Unterschiede im Molekülbau spiegeln sich deshalb im ^{13}C-Spektrum im allgemeinen viel deutlicher wider als im Protonenspektrum.

3.1. Additivität von Verschiebungsinkrementen

Die Theorie der ^{13}C-Verschiebungen ist noch nicht so weit entwickelt, als daß sie für quantitative Voraussagen nutzbar wäre. Sehr nützlich für Strukturbestimmungen ist hingegen die Vielzahl von empirischen Beziehungen zwischen Strukturmerkmalen und chemischen Verschiebungen, mit denen sich dieses Kapitel hauptsächlich beschäftigen wird. Von besonderer Bedeutung ist der Umstand, daß Substituenteneinflüsse auf chemische Verschiebungen in guter Näherung *additiv* sind. Kennt man beispielsweise die ^{13}C-Verschiebungen eines Kohlenwasserstoff-Gerüstes, so lassen sich mit Hilfe von *Substituenteninkrementen* Δ_i (das sind die Verschiebungsänderungen, die von einem Substituenten X hervorgerufen werden, also die Verschiebungsdifferenzen zwischen substituiertem und unsubstituiertem Molekül, $\Delta_i = \delta_i(R-X) - \delta_i(R-H)$), die aus verwandten Verbindungen abgeleitet wurden, die Resonanzlagen in einfach oder mehrfach substituierten Derivaten vorhersagen. Gegebenenfalls müssen noch sterische oder elektronische Korrekturterme berücksichtigt werden, um die Qualität der Vorhersage zu verbessern. Da sich der Einfluß von Substituenten in gesättigten Molekülen praktisch nur auf die Verschiebungen von in der Nähe befindlichen (α-, β-, γ- und evtl. δ-ständigen) Kohlenstoffatomen auswirkt, sind die Verschiebungen von Molekülteilen, die sich weiter vom Substituenten entfernt befinden, unabhängig von dessen Auswirkungen. Bei der Signalzuordnung in ^{13}C-Spektren von größeren Molekülen ist es deshalb vorteilhaft, zum Vergleich bekannte Spektren von kleineren Molekülen heranzuziehen, deren Struktur als Fragment in der zu untersuchenden Substanz enthalten ist. Vergleichsdaten spielen folglich eine große Rolle bei der Interpretation von ^{13}C-Spektren, und es ist empfehlenswert bei der praktischen Arbeit eine der mehr oder weniger umfassenden ^{13}C-Datensammlungen zu Rate zu ziehen, die in den letzten Jahren erschienen sind und im Literaturanhang aufgeführt werden.

3.2. Einflüsse von Substituenten auf chemische Verschiebungen

Aus der Sicht des Chemikers sind die wichtigsten Faktoren, die die ^{13}C-chemischen Verschiebungen beeinflussen, die Hybridisierung des betrachteten Kohlenstoffatoms, induktive und mesomere Substituenteneinflüsse, sterische Wechselwirkungen zwischen räumlich benachbarten Atomen und Effekte elektrischer Felder von solchen Substituenten, die eine Ladung tragen oder starken Dipolcharakter haben. Einflüsse von Nachbargruppen, die magnetisch anisotrop sind (vgl. *Ault/Dudek,* UTB 842, S. 64-66), spielen in der ^{13}C- im Gegensatz zur ^{1}H-NMR-Spektroskopie keine große Rolle, da sie gegenüber den anderen Beiträgen zur chemischen Verschiebung kaum ins Gewicht fallen.

Der Einfluß der *Hybridisierung* auf die ^{13}C-Verschiebung wird deutlich beim Vergleich der Resonanzbereiche von unsubstituierten Alkanen (sp^3-Hybridisierung, δ = 0 bis 50), Alkinen (sp, δ = 60 bis 100) und Alkenen sowie Aromaten (sp^2, δ = 100 bis 150).

3.2.1. Induktive Effekte

Der *induktive Effekt* von Substituenten wirkt sich hauptsächlich am α-ständigen Kohlenstoffatom aus. Seine exakte Größe läßt sich allerdings nicht aus der chemischen Verschiebung ableiten, da immer andere Einflüsse gleichzeitig wirksam sind. Immerhin gilt die Faustregel, daß ein Kohlenstoffatom umso mehr entschirmt wird, je elektronegativere Atome es trägt. Dies wird z. B. sichtbar an der Verschiebungsänderung Δ_α, die ein terminaler Kohlenstoff in *n*-Alkanen erfährt, wenn eines seiner Wasserstoffe durch einen Substituenten ersetzt wird. In Tab. 3-1 ist die Elektronegativität E_X des Substituenten-Zentralatoms dem jeweiligen Δ_α-Wert gegenübergestellt.

Abweichungen von der Korrelation zwischen Δ_α und E_X findet man bei den elektronenreichen schweren Elementen, z. B. bei Brom und Iod („*Schweratom-Effekt*"), die weniger starke Entschirmungen von C-α verursachen, als ihrer Elektronegativität entspricht.

Tab. 3-1. Gegenüberstellung der Verschiebungsänderung Δ_α = $\delta[X\text{-}CH_2\text{-}(CH_2)_n\text{-}CH_3] - \delta\,[CH_3\text{-}(CH_2)_n\text{-}CH_3]$ des terminalen C-Atoms in n-Alkanen bei Einführung eines Substituenten X und der Elektronegativität E_X des Zentralatoms dieses Substituenten.

X	H	CH$_3$	SH	NH$_2$	Cl	OH	F
E_X	$E_H = 2.1$	$E_C = 2.5$	$E_S = 2.5$	$E_N = 3.0$	$E_{Cl} = 3.0$	$E_O = 3.5$	$E_F = 4.0$
Δ_α	0	+9	+11	+29	+31	+48	+68

3.2.2. Mesomere Effekte

Mesomere Effekte auf die ^{13}C-Verschiebungen spielen eine wichtige Rolle, wenn Konjugation zwischen einem Substituenten und einem ungesättigten System (Mehrfachbindung oder Aromat) besteht. Substituenten mit freien Elektronenpaaren am Zentralatom erhöhen die Elektronendichte in β-Stellung eines Alkens bzw. in *ortho-* und *para*-Stellung eines Aromaten und schirmen die entsprechenden C-Atome ab. Gute Beispiele liefern die durch eine Methoxygruppe (*+M-Substituent*) induzierten Verschiebungen in Ethylen oder Benzol. Die Resonanzstrukturen von Methylvinylether und von Anisol veranschaulichen diesen Effekt.

$$CH_3-\overset{..}{\underset{..}{O}}-CH=CH_2 \quad \longleftrightarrow \quad CH_3-\overset{\oplus}{\underset{..}{O}}=CH-\overset{\ominus}{C}H_2 \qquad CH_3O-CH=CH_2 \qquad \Delta\beta = -38.9$$

$$\Delta o = -14.7$$
$$\Delta p = -8.1$$

Mesomer elektronenziehende Substituenten (*−M-Substituenten*) zeigen entgegengesetztes Verhalten: β-Vinyl- bzw. aromatische *ortho-* und *para*-C-Atome werden entschirmt wie z. B. in Acrylnitril und Benzonitril.

42

$$:N\!\equiv\!C\!-\!CH\!=\!CH_2 \quad \longleftrightarrow \quad \ominus\ddot{N}\!=\!C\!=\!CH\!-\!\overset{\oplus}{C}H_2 \qquad NC\!-\!CH\!=\!CH_2 \qquad \Delta\beta = +14.2$$

$\Delta o = +3.5$

$\Delta p = +4.3$

Die Auswirkung des $-M$-Effektes von Substituenten auf die ^{13}C-Verschiebungen von *ortho*-C-Atomen in aromatischen Systemen wird allerdings häufig durch andere Einflüsse abgeschwächt oder überkompensiert. So sind beispielsweise die *ortho*-Kohlenstoffatome in Nitrobenzol relativ zu Benzol deutlich abgeschirmt (Tab. 3-11), obwohl die Nitrogruppe ein starker Elektronenakzeptor ist.

Auch auf die Verschiebungen der Substituenten selbst hat die Konjugation mit einem ungesättigten System einen großen Einfluß. So sind die Carbonyl-Kohlenstoffatome in Methylvinylketon bzw. Acetophenon um 13 bzw. 11 ppm abgeschirmt gegenüber dem gesättigten Analogen 2-Butanon.

Je mehr allerdings *sterische Einflüsse* von Substituenten die *Konjugation einschränken,* umso weniger macht sich die Anwesenheit des benachbarten ungesättigten Systems bemerkbar. Dieses Verhalten wird deutlich beim Vergleich der Carbonyl-Verschiebungen in der Reihe Acetophenon, 2-Methylacetophenon und 2,6-Dimethylacetophenon, in der die sukzessive Einführung der *ortho*-Methylgruppen die Überlappung der *p*-Orbitale von Benzolring und Carbonylkohlenstoff zunehmend stört, so daß das aromatische System weniger Elektronen an den Carbonylkohlenstoff liefern kann und dieser deshalb zunehmend entschirmt wird.

43

3.2.3. Sterische Effekte

^{13}C-Verschiebungen hängen stark von der Molekülgeometrie ab. Wenn ein Kohlenstoffatom in engen räumlichen Kontakt mit Atomen oder Atomgruppen kommt, die mehrere Bindungen von ihm entfernt sind, so erfährt es Verschiebungsänderungen, die durch die *sterischen Wechselwirkungen* verursacht werden. Der wichtigste dieser sterischen Effekte ist der γ_{syn}- oder γ_{gauche}-Effekt, der dann auftritt, wenn sich ein Kohlenstoffatom *syn*- oder *gauche*-ständig zu einem Substituenten X befindet, d. h. wenn in einem Fragment X-C$^\alpha$-C$^\beta$-C$^\gamma$ der Diederwinkel ϕ zwischen den Bindungen X-C$^\alpha$ und C$^\beta$-C$^\gamma$ 0° oder 60° beträgt (Abb. 3-1).

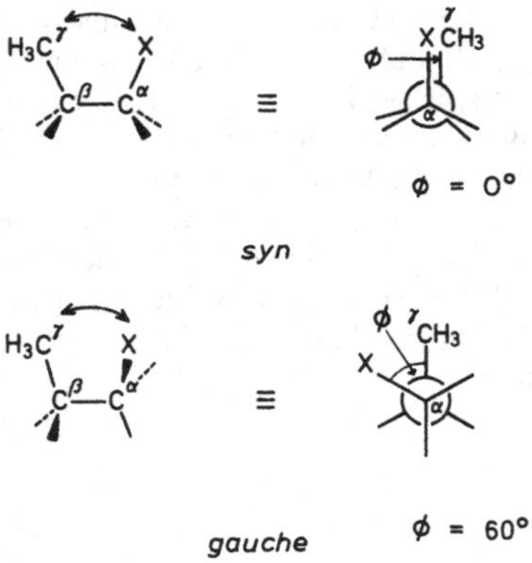

syn

$\phi = 0°$

gauche　　$\phi = 60°$

Abb. 3-1. *Syn*- und *gauche*-Anordnungen eines Substituenten X und einer γ-ständigen Methylgruppe.

In diesen Fällen findet man eine Abschirmung des γ-Kohlenstoffs relativ zu einer Anordnung, in der ϕ 180° beträgt (*anti*- oder *trans*-Stellung). Aber auch die zwischen den wechselwirkenden Gruppen liegenden Atome C$^\alpha$ und C$^\beta$ sind im Fall $\phi = 0$ bis 60° stärker abgeschirmt als im Fall $\phi = 180°$. Besonders gut sind solche sterischen Effekte in starren Ringsystemen zu beobachten, bei denen die Moleküle in wohldefinierten Konformationen vorliegen. Der Vergleich von *cis*- und *trans*-4-*tert*-Butyl-1-methylcyclohexan illustriert den Einfluß sterischer Wechselwirkungen auf die chemischen Verschiebungen. In der *cis*-Verbindung liegt eine *gauche*-Anordnung ($\phi = 60°$) zwischen dem γ-ständigen C-3 und der *axialen* (*a*) Methylgruppe vor, in der *trans*-Verbindung eine *anti*-Anordnung ($\phi = 180°$) zwischen C-3 und der *äquatorialen* (*e*) Methylgruppe. Die Kohlenstoffatome CH_3, C-1, C-2 und C-3 sind der *cis*-Verbindung relativ zur *trans*-Verbindung deutlich abgeschirmt (Abb. 3-2).

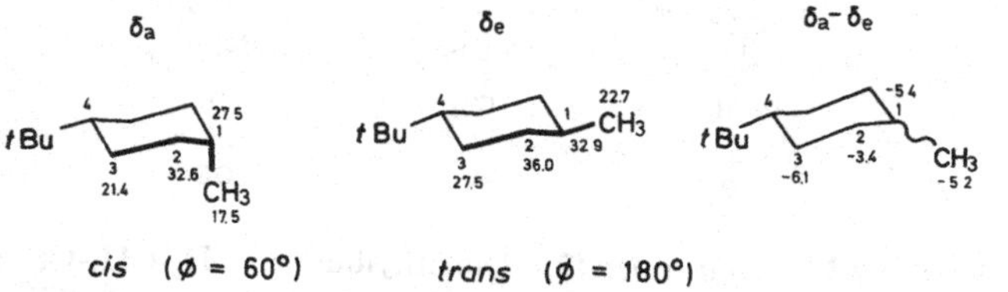

$$\delta_a \qquad\qquad \delta_e \qquad\qquad \delta_a - \delta_e$$

cis ($\phi = 60°$)   *trans* ($\phi = 180°$)

Abb. 3-2. ^{13}C-Verschiebungen von *cis*- und *trans*-4-*tert*-Butyl-1-methylcyclo-hexan und Verschiebungsdifferenzen zwischen den Isomeren (ϕ ist der Dieder-winkel zwischen den Bindungen CH_3-C^1 und C^2-C^3).

Auch in offenkettigen Verbindungen, in denen die freie Drehbarkeit um die C-C-Bindungen nicht eingeschränkt ist, findet man Abschir-mung von C-Atomen durch γ-ständige Substituenten. Als Beispiel be-trachten wir das Propanmolekül, $^1CH_3$-$^2CH_2$-$^3CH_3$ ($\delta_1 = 15.4$), und vergleichen es mit Butan, das sich durch die Einführung einer zu C-1 γ-ständigen Methylgruppe vom Propan unterscheidet: $^1CH_3$-$^2CH_2$-$^3CH_2$-$^4CH_3$. Im Butan beträgt $\delta_1 = 13.0$, d. h. C-1 ist um 2.4 ppm rela-tiv zu Propan abgeschirmt. Der Grund hierfür liegt darin, daß neben der *anti*-Konformation **A** auch die *gauche*-Konformationen **G** und **G'** bevölkert sind.

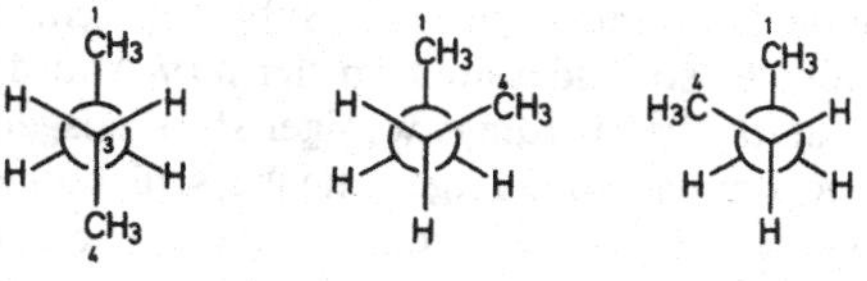

A   G   G'

Befinden sich zwei Methyl-Substituenten in γ-Stellung zu C-1, wie in 2-Methylbutan, $^1CH_3$-CH_2-$CH(CH_3)_2$*, so ist in jedem der drei mögli-

---

* Zum besseren Vergleich der Moleküle untereinander, wird hier eine Beziffe-rung der C-Atome verwendet, die nicht unbedingt mit dem systematischen Na-men übereinstimmt.

chen Konformeren **AG, GA** und **GG** mindestens eine *gauche*-Anordnung zwischen C-1 und den γ-Methylgruppen vorhanden. Entsprechend stärker wird C-1 abgeschirmt ($\delta_1 = 11.3$).

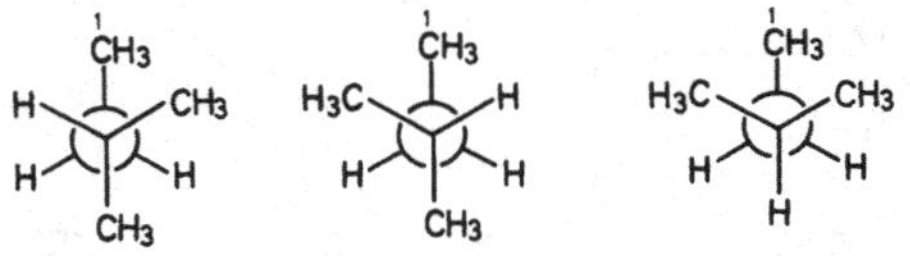

AG   GA   GG

Bei drei γ-Methylgruppen (2,2-Dimethylbutan, $^1CH_3$-CH_2-$C(CH_3)_3$) gibt es schließlich nur noch eine mögliche Konformation **AGG**, in der eine *anti*- und zwei *gauche*-Anordnungen zwischen den γ-CH_3-Substituenten und C-1 vorhanden sind. Hier findet man die stärkste Abschirmung von C-1 ($\delta_1 = 8.5$).

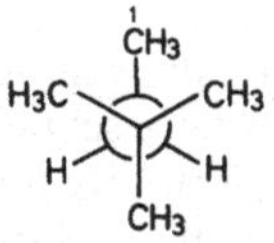

AGG

Die Feststellung, daß die Einführung eines Substituenten X in ein Kohlenstoffgerüst eine Abschirmung des γ-C-Atoms bewirkt, wenn X und C-γ *gauche*-ständig sind, und daß die Verschiebungsänderung von C-3 praktisch Null ist, wenn X und C-γ sich zueinander in *anti*-Position befinden, gilt nicht für alle Substituenten. Ist X nämlich gleich N, O oder F, so findet auch in der *anti*-Anordnung Abschirmung von C-γ statt, die allerdings weniger stark ausgeprägt ist, als in der *gauche*-Anordnung. Dies zeigen die Verschiebungen von C-3 in *trans*- und *cis*-4-*tert*-Butylcyclohexanol im Vergleich zum *tert*-Butylcyclohexan.

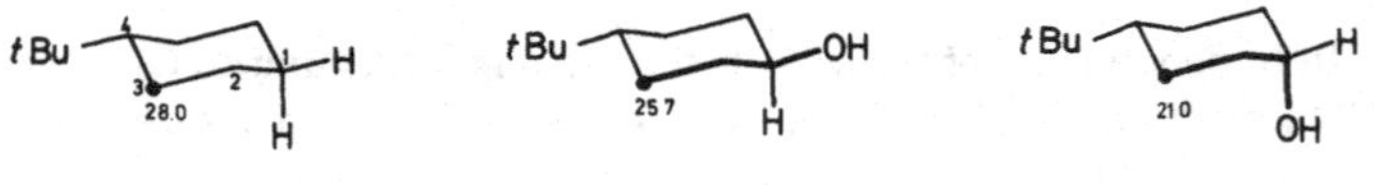

Der γ_{anti}-Effekt hat natürlich keine sterischen Ursachen. Andere Systeme, in denen sterische γ-Effekte eine Rolle spielen, sind *cis*-disubstituierte Alkene und *ortho*-disubstituierte Aromaten.

46

Im Gegensatz zu den sterischen γ-Effekten stehen die *sterischen δ-Effekte,* die *Entschirmung* der wechselwirkenden Gruppen (und auch der zwischen ihnen liegenden C-Atome) verursachen. Sie spielen nur dann eine Rolle, wenn eine *syn-axiale* Anordnung von Substituent und betrachtetem Kohlenstoffatom vorliegt. Die Gegenüberstellung der CH_3-Verschiebungen von *endo*-2-Methylnorbornan und *endo*-6-Hydroxy-*endo*-2-methylnorbornan illustriert die entschirmende Wirkung der δ-ständigen *syn-axialen* Hydroxygruppe.

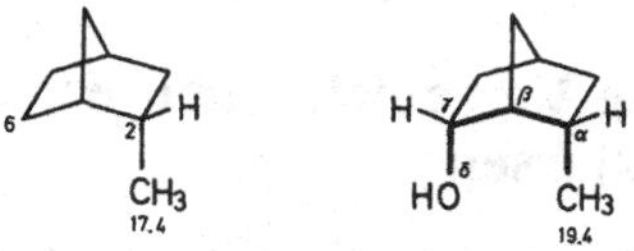

Eine sterisch ähnliche Situation liegt im 1,8-Dimethylnaphthalin vor. Der Vergleich mit 1-Methylnaphthalin zeigt, daß die Einführung der zweiten Methylgruppe eine Entschirmung des δ-ständigen Methylkohlenstoffs um 6.7 ppm bewirkt.

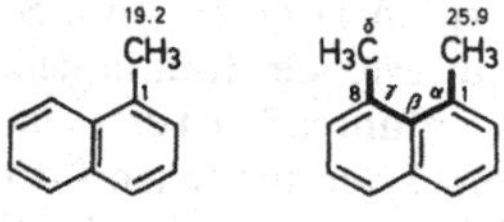

δ-Substituenteneffekte in *offenkettigen* Verbindungen sind hingegen klein (< 1 ppm), da die Moleküle der energetisch ungünstigen sterischen Wechselwirkung durch Rotation um Einfachbindungen ausweichen können.

Lange Zeit wurde als Ursache für den abschirmenden γ_{gauche}-*Effekt* eine *Polarisierung* von C–H-Bindungselektronen durch sterische Wechselwirkung zwischen einem Wasserstoffatom an C-γ und dem Substituenten X angesehen. Hierdurch sollten die Elektronen der C_γ–H-Bindung in Richtung auf das Kohlenstoffatom verschoben werden (Abb. 3-3). Die erhöhte Elektronendichte an diesem Kohlenstoff würde dann in einer Abschirmung resultieren.

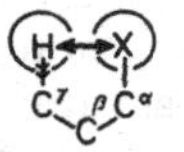

Abb. 3-3. Polarisierung der C–H-Bindungselektronen durch einen γ-ständigen Substituenten X.

Dieses Modell erklärt aber nicht, warum auch C-α und C-β in der *gauche*- relativ zur *anti*-Konformation abgeschirmt werden, und es erklärt auch nicht die entgegengesetzten Vorzeichen von γ- und δ-Effekten. Was immer die richtige Erklärung für die durch sterische Effekte verursachten Verschiebungsänderungen sein möge, sie bieten dem Chemiker eine wichtige Handhabe bei der Bestimmung der molekularen Geometrie, also der Konfiguration oder Konformation von Molekülen.

3.3. Chemische Verschiebungen wichtiger Substanzklassen

Im restlichen Teil dieses Kapitels sollen die ^{13}C-Verschiebungen der wichtigsten Typen von organischen Verbindungen vorgestellt werden. Für jede Substanzklasse sind die Werte einiger repräsentativer Moleküle aufgeführt, und anschließend werden, sofern vorhanden, jeweils empirische Regeln (*Additivitätsbeziehungen*) angegeben, mit Hilfe derer die Verschiebungen nicht aufgeführter oder unbekannter Verbindungen vorausgesagt werden können. Zum Schluß werden die Verschiebungen häufig anzutreffender funktioneller Gruppen diskutiert. Um den Rahmen dieses einführenden Textes nicht zu sprengen, wurde bewußt darauf verzichtet, Literaturstellen für die Daten jeder einzelnen Verbindung zu zitieren. Die meisten chemischen Verschiebungen wurden jedoch den ausführlicheren Lehrbüchern oder den Datensammlungen entnommen, die in Kap. 7-2. zusammenfassend zitiert sind.

Zu beachten ist, daß ^{13}C-chemische Verschiebungen bis zu einem gewissen Grade vom *Lösungsmittel,* von der *Konzentration* der gelösten Substanz und von der *Temperatur* abhängen. Auch spielt bei Werten, die aus älteren Arbeiten stammen, die *experimentelle Genauigkeit* eine Rolle. Außerdem sind die Verschiebungen oftmals relativ zu einem anderen *Standard* als TMS (meist relativ zu CS_2, zu Benzol oder zum Lösungsmittel) bestimmt und auf TMS umgerechnet worden. So ist es nicht verwunderlich, daß bisweilen für identische Verbindungen in verschiedenen Literaturquellen unterschiedliche Verschiebungen angegeben werden. In einigen Fällen, in denen größere Diskrepanzen gefunden wurden, wurden deshalb die entsprechenden Verbindungen neu vermessen, um wohldefinierte Werte zu erhalten, so z.B. bei den chemischen Verschiebungen der deuterierten Lösungsmittel, die oft als Hilfsstandards benutzt werden. Die Tabelle der spektroskopischen und anderer physikalischer Eigenschaften wichtiger Lösungsmittel ist in Kapitel 7 zu finden.

3.3.1. Kohlenwasserstoffe

In diesem Abschnitt wollen wir auf die ^{13}C-Verschiebungen von Kohlenwasserstoffen eingehen, die nicht durch Heteroatome substituiert sind. Die Interpretation der ^{1}H-NMR-Spektren von unsubstituierten Kohlenwasserstoffen bereitet oft Schwierigkeiten, weil die Spektren wegen der geringen Verschiebungsdifferenzen der einzelnen Protonengruppen sehr komplex sind. Demgegenüber zeichnen sich die ^{13}C-NMR-Spektren durch sehr viel größere Übersichtlichkeit aus und erlauben oft die eindeutige Unterscheidung auch von Molekülen mit sehr ähnlicher Struktur.

3.3.1.1. Acyclische Alkane

Besonders deutlich wird der Vorteil der ^{13}C- gegenüber der ^{1}H-NMR-Spektroskopie bei den Alkanen. Während die ^{1}H-Resonanzen dieser Substanzklasse in dem engen Bereich von etwa $\delta = 0.8$ bis 2.0 liegen, bewegen sich die ^{13}C-Verschiebungen zwischen etwa $\delta = 0$ und $\delta = 50$ und hängen stark ab vom *Substitutionsgrad* des betrachteten Kohlenstoffatoms, d. h. davon, ob es sich um ein Methyl-, Methylen-, Methin- oder ein quaternäres C-Atom handelt, und ebenfalls von Zahl und Art der *Kettenverzweigungen*, die sich in der Nachbarschaft des C-Atoms befinden. Die ^{13}C-Verschiebungen einiger einfacher linearer und verzweigter Alkane sind in Tab. 3-2 aufgeführt.

Tab. 3-2. ^{13}C-chemische Verschiebungen einiger acyclischer Alkane

	δ_1	δ_2	δ_3	δ_4	δ_5
Methan	−2.3				
Ethan	5.7				
Propan	15.4	15.9			
Butan	13.0	24.8			
2-Methylpropan	24.1	25.0			
Pentan	13.5	22.2	34.1		
2-Methylbutan	21.8	29.7	31.6	11.3	
2,2-Dimethylpropan	31.6	28.0			
Hexan	13.7	22.7	31.8		
2-Methylpentan	22.3	27.6	41.6	20.5	13.9

Zur Abschätzung der Verschiebungen in offenkettigen Alkanen eignet sich eine einfache Gleichung, die von *Grant* und *Paul* abgeleitet wurde. Die Verschiebung δ_i eines Kohlenstoffatoms C_i berechnet sich nach

$$\delta_i = -2.3 + 9.1\,n_\alpha + 9.4\,n_\beta - 2.5\,n_\gamma + 0.3\,n_\delta + 0.2\,n_\varepsilon + \Sigma S_{ij}$$
$$[3\text{-}1]$$

In Gl. [3-1] ist n_α die Anzahl der zu C_i α-ständigen, n_β die Anzahl der β-ständigen C-Atome usw. Die Werte S_{ij} sind *sterische Korrekturen*, die dann anzuwenden sind, wenn C_i und/oder die Nachbaratome C_j stark verzweigt sind. Ist z. B. C_i tertiär und mit einem sekundären C-Atom verbunden, so wird eine Korrektur von $S_{3°2°} = -3.7$ ppm notwendig. Die Liste der sterischen Korrektur-Terme ist in Tab. 3-3 wiedergegeben.

Tab. 3-3. Sterische Korrektur-Terme S_{ij} [ppm] für die *Grant-Paul*-Gleichung[a)]

| | | Nachbar-C-Atom j | | | |
		1°	2°	3°	4°
betrachtetes C-Atom i	1°	0	0	−1.1	−3.4
	2°	0	0	−2.5	−7.5
	3°	0	−3.7	−9.5	
	4°	−1.5	−8.4		

a) Abkürzungen: 1° = primär, 2° = sekundär, 3° = tertiär,
4° = quaternär.

Gl. [3-1] sagt aus, daß die Einführung einer Methylgruppe in eine Alkylkette, außer bei starker Verzweigung, die α- und β-ständigen C-Atome jeweils um ca. 9 ppm *entschirmt*, während die γ-C-Atome um 2.5 ppm *abgeschirmt* werden und weiter entfernte Kohlenstoffe nur geringe Änderungen ihrer Resonanzfrequenzen erfahren. Die Abschirmung des γ-C-Atoms ist auf den in Abschnitt 3.2.3. besprochenen sterischen Effekt zurückzuführen, der hier deshalb relativ klein ist, weil er über das *anti-* und die *gauche*-Konformeren gemittelt wird.

Am Beispiel von 2,4-Dimethylhexan wird die Anwendung der *Grant-Paul*-Beziehung demonstriert (Tab. 3-4).

Tab. 3-4. Parameter der *Grant-Paul*-Beziehung sowie berechnete und experimentelle ^{13}C-Verschiebungen für 2,4-Dimethylhexan

	n_α	n_β	n_γ	n_δ	n_ε	ΣS_{ij}	$\delta_{ber.}$	$\delta_{exp.}$
C-1	1	2	1	2	1	$S_{1°3°}$	22.8	22.5
C-2	3	1	2	1	0	$2\,S_{3°1°} + S_{3°2°}$	26.0	25.6
C-3	2	4	1	0	0	$2\,S_{2°3°}$	46.0	46.8
C-4	3	2	2	0	0	$S_{3°1°} + 2\,S_{3°2°}$	31.4	32.3
C-5	2	2	1	2	0	$S_{2°1°} + S_{2°3°}$	30.3	30.1
C-6	1	1	2	1	2	$S_{1°2°}$	11.9	11.4
C-7	1	2	1	2	1	$S_{1°3°}$	22.8	23.5
C-8	1	2	2	2	0	$S_{1°3°}$	20.1	19.4

Die Übereinstimmung zwischen berechneten und gemessenen Verschiebungen ist recht gut, und die größte Abweichung beträgt nur 0.9 ppm. Man beachte aber, daß die *Grant-Paul*-Beziehung keinen Verschiebungsunterschied zwischen den C-Atomen 1 und 7 vorhersagt, die wegen der Anwesenheit des Asymmetriezentrums C-4 im Prinzip *anisochron* sein sollten*. Experimentell werden auch unterschiedliche Verschiebungen von C-1 und C-7 gefunden.

Es existiert noch eine weitere Additivitätsregel zur Abschätzung von Alkan-Verschiebungen. Diese wurde von *Lindeman* und *Adams* aus der systematischen Analyse aller isomeren Paraffine mit bis zu 9 C-Atomen abgeleitet. Sie erfordert die Berücksichtigung einer größeren Zahl von Parametern, so daß die vorhergesagten Werte im allgemeinen noch besser mit den experimentellen Befunden übereinstimmen. Die Praxis zeigt jedoch, daß der Umgang mit der *Lindeman-Adams*-Regel recht mühsam ist. Deshalb beschränken wir uns hier auf die einfachere *Grant-Paul*-Beziehung.

Übung 3-1.

Eine Verbindung C_9H_{20} zeigt im ^{13}C-NMR-Spektrum folgende chemischen Verschiebungen und Multiplizitäten bei Off-Resonance-Entkopplung: δ = 36.7 (T), 34.6 (D), 32.4 (T), 29.7 (T), 26.9 (T), 22.7 (T), 19.0 (Q), 13.8 (Q),

---

* *Anisochron* (d.h. von unterschiedlicher chemischer Verschiebung) sind im Prinzip die an ein und denselben Kohlenstoff gebundenen Gruppen R, wenn sich in der Nachbarschaft ein Asymmetriezentrum C* befindet: $- CR_2 - C^*XYZ$. Die Anisochronie kann aber so klein sein, daß sie nicht mehr meßbar ist. Das ist oft dann der Fall, wenn der Abstand zwischen der CR_2-Einheit und dem Asymmetriezentrum groß ist.

11.1 (Q). Leiten Sie die Struktur ab durch Eliminierung der Isomeren, die aufgrund der Signalzahl und -multiplizität nicht in Frage kommen, und durch Berechnung der Verschiebungen für die verbleibenden Möglichkeiten.

3.3.1.2. Cycloalkane

Die chemischen Verschiebungen der Homologen Cyclopropan bis Cycloheptan finden sich in Tab. 3-5. Ähnlich wie die Protonen sind auch die Kohlenstoffkerne des Cyclopropans stark abgeschirmt. Sie absorbieren jenseits von TMS. Die ^{13}C-Resonanzen von Cyclopentan und seinen höheren Homologen liegen etwa in dem Bereich, in dem auch die inneren Kohlenstoffe langkettiger Alkane absorbieren.

Tab. 3-5. ^{13}C-Verschiebungen der niederen Cycloalkane

	δ
Cyclopropan	-3.6
Cyclobutan	22.3
Cyclopentan	25.5
Cyclohexan	26.8
Cycloheptan	28.4

Da viele Naturstoffe, insbesondere Terpene und Steroide, Cyclohexan-Einheiten enthalten, ist es wichtig, die Substituenteneffekte auf die ^{13}C-Verschiebungen des Cyclohexans zu diskutieren. Wir besprechen hier zunächst nur die *Einflüsse von Alkylsubstituenten.* Die Effekte polarer Gruppen werden in Abschnitt 3.3.2.2. abgehandelt.

Bei Einführung einer Methylgruppe in das Cyclohexangerüst hängen die dabei auftretenden Verschiebungsänderungen stark von der *Orientierung* (axial oder äquatorial) dieser Gruppe ab. Ursache hierfür sind die sterischen Wechselwirkungen (Abschnitt 3.2.3.), die bei axialer Anordnung zwischen dem Substituenten und den axialen Wasserstoffen an C-3 und C-5 auftreten. Ist der Substituent in der äquatorialen Position, so treten diese Wechselwirkungen natürlich nicht auf. In den folgenden Formeln sind die Verschiebungsänderungen angegeben, die von äquatorialen und axialen Methylgruppen in Cyclohexan hervorgerufen werden*.

---

* Substituenteneffekte Δ werden grundsätzlich als δ (substituierte Verbindung) minus δ (Bezugssubstanz) definiert, so daß ein positiver Δ-Wert Entschirmung eines Kohlenstoffatoms bei Einführung des Substituenten bedeutet, ein negativer Δ-Wert dagegen Abschirmung.

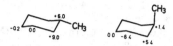

Die Einflüsse mehrerer Methylgruppen sind additiv, außer wenn diese sich an demselben oder an benachbarten C-Atomen befinden. Für diese Fälle müssen die Verschiebungen der in den untenstehenden Formeln markierten Kohlenstoffe um die angegebenen Werte korrigiert werden.

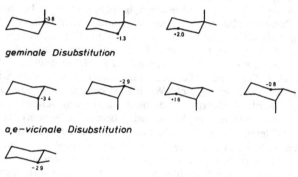

geminale Disubstitution

a,e–vicinale Disubstitution

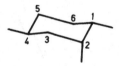

e,e–vicinale Disubstitution

Zur Illustration sollen die Verschiebungen des $1r$, $2c$, $4t$-Trimethylcyclohexans, in dem die 1- und 4-CH_3-Gruppen äquatorial stehen und die 2-CH_3-Gruppe axial, berechnet und mit den experimentellen Werten verglichen werden.

$1r,2c,4t$-Trimethylcyclohexan:

δ_1(ber.) $= 26.8 + 6.0$(Me-1) $+ 5.4$(Me-2) $- 0.2$(Me-4) $-$
$2.9(a,e\text{-}vic) = 35.1$, δ_1(exp.) $= 35.3$

δ_2(ber.) $= 26.8 + 9.0$(Me-1) $+ 1.4$(Me-2) $+ 0.0$(Me-4) $-$
$3.4(a,e\text{-}vic) = 33.8$, δ_2(exp.) $= 33.9$

δ_3(ber.) $= 26.8 + 0.0$(Me-1) $+ 5.4$(Me-2) $+ 9.0$(Me-4) $+$
$1.6(a,e\text{-}vic) = 42.8$, δ_3(exp.) $= 43.2$

53

$\delta_4(\text{ber.}) = 26.8 - 0.2(\text{Me-1}) - 6.4(\text{Me-2}) + 6.0(\text{Me-4}) = 26.2,$
$\delta_4(\text{exp.}) = 26.3$
$\delta_5(\text{ber.}) = 26.8 + 0.0(\text{Me-1}) + 0.0(\text{Me-2}) + 9.0(\text{Me-4}) = 35.8,$
$\delta_5(\text{exp.}) = 35.8$
$\delta_6(\text{ber.}) = 26.8 + 9.0(\text{Me-1}) - 6.4(\text{Me-2}) + 0.0(\text{Me-4}) -$
$0.8(a,e\text{-}vic) = 28.6,\ \delta_6(\text{exp.}) = 29.2$

Mittelwerte für die chemischen Verschiebungen der Methylkohlenstoffe in Methylcyclohexanen sind: $\delta = 23$ für *isolierte äquatoriale* und $\delta = 19$ für *isolierte axiale* Methylgruppen. (Isoliert bedeutet in diesem Zusammenhang: ohne weitere geminale oder vicinale Substituenten). Die 4-CH_3-Gruppe im $1r,2c,4t$-Trimethylcyclohexan steht als Beispiel für den erstgenannten Fall; der experimentelle Wert beträgt 22.8 ppm. Für die 1-CH_3-Gruppe ist $\delta = 19.7$ und für die 2-CH_3-Gruppe 12.8. Dies sind Fälle eines äquatorialen bzw. axialen Substituenten, der jeweils eine *gauche*-Wechselwirkung mit dem benachbarten Substituenten erfährt und deshalb stärker abgeschirmt ist, als wenn er isoliert stände. CH_3-Kohlenstoffe *geminaler* Dimethylcyclohexane absorbieren bei ca. $\delta = 29$, wenn keine zusätzlichen sterischen Faktoren im Spiel sind und der Cyclohexanring ungehindert invertieren kann. In Cyclohexanen mit höheren Alkylsubstituenten ändern sich hauptsächlich die Verschiebungen von C-1 (Entschirmung) und C-2 (Abschirmung) relativ zu Methylcyclohexan, da die zusätzlich eingeführten Kohlenstoffatome zu C-1 β- und zu C-2 γ-ständig sind; Ethylcyclohexan: $\delta_1 = 40.6$, $\delta_2 = 33.9$; t-Butylcyclohexan: $\delta_1 = 48.9$, $\delta_2 = 28.2$.
Die ^{13}C-Verschiebungen wichtiger *polycyclischer Alkane* sind im folgenden Formelschema zusammengefaßt.

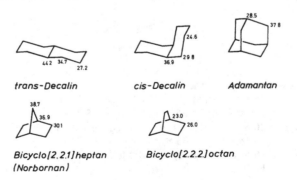

trans-Decalin cis-Decalin Adamantan

Bicyclo[2.2.1]heptan Bicyclo[2.2.2]octan
(Norbornan)

54

35.0

7

30.3 37.7 40.2

4 3

5 1 2 22.3

6

29.0 43.5 36.8

exo-

2-Methylnorbornan

38.9

38.2

30.6 40.7

22.4 42.2 34.6

17.4

endo-

Bei den isomeren 2-Methylnorbornanen zeigt sich deutlich der γ_{gauche}-Effekt des Substituenten auf C-7 (*exo*-Form) bzw. auf C-6 (*endo*-Form). Dieser Effekt ist im *endo-* deutlich größer als im *exo-*Isomeren, weil der Diederwinkel $\phi(CH_3\text{-}C^2\text{-}C^1\text{-}C^6)$ in der *endo*-Form bedeutend kleiner ist (ca. 40°) als $\phi(CH_3\text{-}C^2\text{-}C^1\text{-}C^7)$ in der *exo*-Form (ca. 80°), vgl. hierzu Abschnitt 3.2.3.

Übung 3-2.

Das ^{13}C-Spektrum von C_8H_{16} zeigt nur drei Signale: $\delta = 30.9$ (T), 30.2 (D) und 20.3 (Q) mit den (idealisierten) relativen Intensitäten 2 : 1 : 1 (in Klammern Off-Resonance-Multiplizitäten). Bestimmen Sie Struktur und Konfiguration der Verbindung.

3.3.1.3. *Alkene und Cycloalkene*

Die ^{13}C-Verschiebungen der olefinischen Kohlenstoffatome von Alkenen und Cycloalkenen ohne Heterosubstituenten liegen zwischen den Extremwerten $\delta = 100$ und $\delta = 170$. Die Daten für einige wichtige Strukturen finden sich im Formelschema.

122.8

18.7

115.9 136.2

23.3

109.6 141.2

11.4

124.2

16.8

125.4

25.6

132.0 118.8

17.3 13.4

20.4

123.5

32.8

130.8 23.3

25.4

127.4 23.3

117.5

138.1

Anzumerken ist, daß die Substitution eines olefinischen Wasserstoffatoms durch eine Methylgruppe das direkt verknüpfte sp²-C-Atom, in Analogie zu den Alkanen, stark entschirmt (um ca. 11 ppm), den anderen sp^2-Kohlenstoff jedoch deutlich abschirmt (um ca. 8 ppm). Das Verschiebungsverhalten eines olefinischen Kohlenstoffs läßt sich wieder durch eine Additivitätsbeziehung [3-2] beschreiben, in die die Anzahl der α-, β- und γ-C-Atome (relativ zum betrachteten Kohlenstoff) und die Anzahl der α'-, β'- und γ'-C-Atome (relativ zum anderen olefinischen Kohlenstoff) eingehen. Korrekturterme sind dann anzuwenden, wenn die Doppelbindung *cis*-substituiert ist oder wenn Mehrfachsubstitution an den sp^2-C-Atomen oder am α-C-Atom vorliegt.

$$C^\gamma\text{-}C^\beta\text{-}C^\alpha\text{-}C^1 = C^2\text{-}C^{\alpha'}\text{-}C^{\beta'}\text{-}C^{\gamma'}$$

$$\delta(C^1) = 123.3 + 10.6n_\alpha + 7.2n_\beta - 1.5n_\gamma - 7.9n_{\alpha'} - 1.8n_{\beta'}$$
$$+ 1.5n_{\gamma'} + \sum S_{korr} \qquad [3\text{-}2]$$

$S_{korr} = -1.1$, wenn C^α und $C^{\alpha'}$ *cis*-ständig;

$\quad\ = -4.8$, wenn C^1 durch zwei Alkylreste substituiert ist;

$\quad\ = +2.5$, wenn C^2 durch zwei Alkylreste substituiert ist;

$\quad\ = +2.3$, wenn C^α ein tertiäres oder quaternäres Zentrum ist.

Beispielsweise berechnen sich die Verschiebungen der olefinischen Kohlenstoffe in 2-Methylbuten, $(H_3C)_2C^2 = C^3H(CH_3)$, mittels Gl. [3-2] folgendermaßen:

$$\delta_2(\text{ber.}) = 123.3 + 2\cdot 10.6 - 7.9 - 1.1 - 4.8 = 130.7; \delta_2(\text{exp.}) = 132.0$$

$$\delta_3(\text{ber.}) = 123.3 + 10.6 - 2\cdot 7.9 - 1.1 + 2.5 = 119.5; \delta_3(\text{exp.}) = 118.8$$

Die Übereinstimmung zwischen Vorhersage und Experiment ist also recht gut. Gl. [3-2] kann auch, wenn auch mit nicht so guten Ergebnissen, auf cyclische Alkene angewandt werden. Bei kleineren Ringen berücksichtigt man, wenn nötig, entsprechende C-Atome doppelt. So ist z. B. in Cyclohexen C-5 zu C-1 gleichzeitig β-ständig und γ'-ständig.

Ob eine Doppelbindung *cis*- oder *trans*-konfiguriert ist, läßt sich am besten aus den Verschiebungen der α-Kohlenstoffe ablesen. Diese sind bei *cis*-Anordnung stärker abgeschirmt als bei *trans*-Anordnung, vgl. *cis*-2-Buten ($\delta_{CH_3} = 11.4$) mit *trans*-2-Buten ($\delta_{CH_3} = 16.8$).

Übung 3-3.

Die ^{13}C-Verschiebungen (Off-Resonance-Multiplizitäten in Klammern) einer Verbindung der Zusammensetzung C_6H_{12} lauten: δ = 130.8(D), 124.0(D), 29.2(T), 23.0(T), 13.9(Q), 12.8(Q). Geben Sie Struktur und Konfiguration der Verbindung an. Berechnen Sie die Verschiebungen der ungesättigten C-Atome im gefundenen Molekül und in dessen geometrischen Isomeren.

3.3.1.4. Alkine und Allene

Der Absorptionsbereich der sp-Kohlenstoffatome in Alkinen und deren Alkylderivaten liegt zwischen $\delta = 65$ und $\delta = 90$. Ersetzt man ein acetylenisches Proton durch eine Methylgruppe, so erfährt das substituierte sp-C-Atom eine Entschirmung von etwa 7 ppm, das C-Atom am anderen Ende der Dreifachbindung eine Abschirmung von etwa 5 ppm. Qualitativ sind die Effekte also ähnlich wie in Alkenen. Auffällig ist die starke Abschirmung, die zur Dreifachbindung α-ständige Kohlenstoffe erfahren. Sie beträgt ca. 11 ppm relativ zu den entsprechenden C-Atomen in den analogen gesättigten Verbindungen. Da die α-Kohlenstoffe auch in Nitrilen, $R-C\equiv N$, stark abgeschirmt sind, liegt die Deutung nahe, daß hierfür die diamagnetische Anisotropie der Dreifachbindung verantwortlich ist. Die ^{13}C-Verschiebungen von drei Alkinen sind exemplarisch in den untenstehenden Formeln wiedergegeben.

Allene (kumulierte Diene) zeichnen sich dadurch aus, daß die terminalen sp^2-Kohlenstoffe gegenüber den Monoolefinen stark abgeschirmt sind ($\delta =$ ca. 70 bis 95), während das zentrale sp-C-Atom extrem entschirmt ist ($\delta =$ ca. 205 bis 215).

3.3.1.5. Aromaten

Der Bereich der ^{13}C-Verschiebungen von isocyclischen Aromaten erstreckt sich von etwa $\delta = 120$ bis ungefähr $\delta = 150$, ist also im Gegensatz zu den Verhältnissen in der ^{1}H-Spektroskopie nicht vom Olefin-Bereich abgegrenzt. Es folgen einige wichtige Vertreter dieser Substanzklasse mit ihren chemischen Verschiebungen.

57

Man beobachtet, daß sich die chemischen Verschiebungen in alternierenden Kohlenwasserstoffen weniger stark von einander unterscheiden als in nichtalternierenden. Dies wird deutlich beim Vergleich von Naphthalin (δ = 125.6 – 133.3) mit dem isomeren Azulen (δ = 117.9 – 140.1).

Methylsubstitution von Benzol bewirkt an C-1 eine Entschirmung von ca. 9 ppm und am *para*-Kohlenstoff eine Abschirmung von ca. 3 ppm. Die *ortho*- und *meta*-C-Signale ändern ihre Lage kaum. Führt man Alkylreste ein, die am α-C-Atom verzweigt sind, so beobachtet man mit zunehmender Verzweigung eine zunehmende Entschirmung von C-1 (β-Effekt) und eine zunehmende Abschirmung von C-*ortho* (γ-Effekt). Die *meta*- und *para*-Resonanzen werden praktisch nicht beeinflußt (vgl. Toluol, Ethyl-, Isopropyl- und *t*-Butylbenzol in den untenstehenden Formeln). Bei Vorhandensein mehrerer Substituenten sind deren Einflüsse auf die chemischen Verschiebungen additiv, wenn die Substituenten nicht *ortho*-ständig zueinander sind. Kennt man also beispielsweise die Einflüsse einer Methylgruppe auf die Verschiebungen von C-*ipso* (den substituierten Kohlenstoff), C-*ortho*, C-*meta* und C-*para*, dann lassen sich mit großer Genauigkeit die Resonanzlagen von *meta*- und *para*-Xylol vorhersagen. Im *ortho*-Xylol werden dagegen aufgrund sterischer Wechselwirkungen Additivitätsabweichungen festgestellt.

Die Verschiebungen der Alkylkohlenstoffe sind nahezu unabhängig von der Anwesenheit weiterer Substituenten, außer wenn diese sich am *ortho*-C-Atom befinden. Im *ortho*-Xylol werden die Methylkohlenstoffe durch die jeweilige benachbarte Methylgruppe um ca. 2 ppm abgeschirmt. Noch größer ist die Abschirmung, wenn zwei *ortho*-

21.4 · 137.8 · 129.3 · 128.5 · 125.7

19.6 · 136.4 · 129.9 · 126.1

15.0 · 134.8 · 20.4 · 136.1 · 127.9 · 125.5

15.8 · 29.2 · 144.3 · 128.1 · 128.6 · 125.9

24.1 · 34.4 · 148.8 · 126.6 · 128.6 · 126.1

31.4 · 34.6 · 150.9 · 125.4 · 128.3 · 125.7

132.5 · 19.2 · 123.9 · 134.0 · 125.4 · 126.4 · 125.3 · 125.3 · 133.4 · 128.3 · 126.2

133.5 · 127.4 · 126.7 · 21.6 · 125.7 · 135.2 · 124.8 · 127.9 · 131.6 · 127.5 · 127.2

ständige Methylgruppen anwesend sind; vgl. dazu die Verschiebung der 2-CH$_3$-Gruppe in 1,2,3-Trimethylbenzol (δ = 15.0). Ebenfalls sterische Ursachen (Wechselwirkung mit der C^8-H^8-Bindung) hat die Abschirmung des Methylkohlenstoffs in 1-Methylnaphthalin. Umgekehrt wirkt sich diese Wechselwirkung natürlich auch auf C-8 aus, das um etwa 4 ppm relativ zum Naphthalin abgeschirmt ist. Für die Methylverschiebung in 2-Methylnaphthalin findet man annähernd denselben Wert wie in Toluol.

Vergleicht man die Verschiebungen der zum Substituenten in 2-Methylnaphthalin *ortho*-ständigen C-Atome mit denen des Naphthalins, so ergibt sich, daß durch die Methylsubstitution C-1 um 1 ppm abgeschirmt und C-3 um 2.3 ppm entschirmt wird. Der Substituenteneinfluß wirkt sich also nicht „symmetrisch" aus. Dabei spielt der unterschiedliche *Doppelbindungscharakter* der C^1 – C^2- und der C^2 – C^3-Bindung die entscheidende Rolle. Aus den Abschnitten über die Alkane und Alkene ist bereits bekannt, daß der β-Effekt in ersteren entschirmend ist (Wirkung über eine Einfachbindung, Δ_β = ca. 9 ppm), in letzteren aber abschirmend (Doppelbindung, Δ_β = -8 ppm). Die Δ_β- (oder Δ_{ortho}-Werte in den Systemen Benzol/Toluol und Naphthalin/2-Methylnaphthalin mit Doppelbindungscharakter zwischen Null und Eins fügen sich also gut in diesen Zusammenhang ein. Wir werden später sehen, daß auch die Einflüsse polarer Substituenten auf C-*ortho* (bzw. C-β) stark von der Bindungsordnung zwischen C-*ipso* und C-*ortho* (bzw. C-α und C-β) abhängen.

Übung 3-4.

Das ^{13}C-NMR-Spektrum eines Dimethylnaphthalins zeigt 7 Signale mit folgenden Verschiebungen (Off-Resonance-Multiplizitäten in Klammern): δ = 135.1(S), 133.6(S), 129.7(S), 127.1(D), 126.9(D), 126.0(D), 21.7(Q). Das Signal bei δ = 135.1 ist mindestens doppelt so intensiv wie diejenigen bei δ = 133.6 und δ = 129.7.

Um welches der möglichen Isomeren handelt es sich? Ordnen Sie, soweit möglich, die Signale durch Vergleich mit Naphthalin und den Monomethylnaphthalinen zu.

3.3.2. Substituierte Kohlenwasserstoffe

Dieser Abschnitt befaßt sich mit den Einflüssen polarer Substituenten auf die ^{13}C-Verschiebungen der bereits besprochenen Stammkohlenwasserstoffe. Dabei werden auch die nichtaromatischen und aromatischen Heterocyclen als substituierte Verbindungen eingeordnet.

3.3.2.1. Acyclische Alkane

Die Einführung polarer Substituenten in Alkane macht sich hauptsächlich an den chemischen Verschiebungen der α-, β- und γ-ständigen C-Atome bemerkbar. Während die Verschiebungsänderungen an C-α, Δ_α, vorwiegend auf induktive (Abschnitt 3.2.1.) und Δ_γ auf sterische Ursachen zurückzuführen sind (Abschnitt 3.2.3.), kann für den β-Effekt noch keine plausible Erklärung gegeben werden. Der α-Effekt ist stark substituentenabhängig und variiert zwischen Δ_α = +70(F) und −7 ppm (I). Dagegen liegt der β-Effekt für Substituenten, die außer dem Heteroatom nur Wasserstoffe enthalten, ziemlich konstant bei +9±2 ppm. γ-Effekte sind schwach abschirmend: −1 bis −6 ppm. In Tab. 3-6 sind die α-, β- und γ-Effekte einer Anzahl häufig vorkommender Substituenten aufgeführt.

Tab. 3-6. Substituenteneinfluß $\Delta_i = \delta_i(R-X) - \delta_i(R-H)$ auf die ^{13}C-Verschiebungen in linearen Alkanen

X	Δ_α	Δ_β	Δ_γ
CH_3	9	9	−2
C_6H_5	22	9	−2
F	70	8	−7
Cl	31	10	−5
Br	20	10	−4
I	−7	11	−1
OH	49	10	−6
$OCOCH_3$	51	7	−5
OCH_3	60	7	−5
NH_2	28	11	−5
NH_3^+	26	8	−5
NO_2	62	3	−4
SH	11	11	−4
SCH_3	20	6	−3
CHO	30	−1	−3
$COCH_3$	30	1	−3
COOH	20	2	−3
$COOCH_3$	20	2	−3
COCl	33	2	−4
CN	3	3	−2

Da sich unterschiedliche sterische Situationen ergeben, je nachdem ob man einen Substituenten am Ende der Alkylkette, im Inneren der

Kette oder an einer bereits vorhandenen Verzweigungsstelle einführt, sind zusätzlich zu den Substituenteninkrementen von Tab. 3-6 noch die bereits bei den verzweigten Alkanen besprochenen sterischen Korrekturen S_{ij} der *Grant-Paul*-Beziehung anzuwenden (Tab. 3-3). Der vollständige Ausdruck zur Berechnung der Verschiebungen lautet also:

$$\delta_i(R-X) = \delta_i(R-H) + \Sigma\Delta_i + \Sigma S_{ij} \qquad [3\text{-}3]$$

Die Resonanzlagen von 2-Butanol berechnen sich z. B. folgendermaßen:

$\delta_1(\text{ber.}) = \delta_1(\text{Butan}) + \Delta_\beta(\text{OH}) + S_{1°3°} = 13.0 + 10 - 1.1$
$\qquad = 22; \ \delta_1(\text{exp.}) = 22.9$

$\delta_2(\text{ber.}) = \delta_2(\text{Butan}) + \Delta_\alpha(\text{OH}) + S_{3°2°} = 24.8 + 49 - 3.7$
$\qquad = 70; \ \delta_2(\text{exp.}) = 69.0$

$\delta_3(\text{ber.}) = \delta_3(\text{Butan}) + \Delta_\beta(\text{OH}) + S_{2°3°} = 24.8 + 10 - 2.5$
$\qquad = 32; \ \delta_3(\text{exp.}) = 32.3$

$\delta_4(\text{ber.}) = \delta_4(\text{Butan}) + \Delta_\gamma(\text{OH}) = 13.0 - 6 = 7; \ \delta_4(\text{exp.})$
$\qquad = 10.2$

Die Übereinstimmung zwischen Vorhersage und Experiment ist also relativ gut. Dies gilt ebenso bei mehrfach substituierten Alkanen, außer wenn sich die Substituenten an demselben oder an benachbarten C-Atomen befinden. Als Beispiel für den letzteren Fall wählen wir das 1,2-Dibrombutan:

$\delta_1(\text{ber.}) = 13.0 + \Delta_\alpha(\text{Br}) + \Delta_\beta(\text{Br}) + S_{2°3°} = 13.0 + 20 + 10 - $
$\qquad 2.5 = 41; \ \delta_1(\text{exp.}) = 35.5$

$\delta_2(\text{ber.}) = 24.8 + \Delta_\beta(\text{Br}) + \Delta_\alpha(\text{Br}) + 2 \cdot S_{3°2°} = 24.8 + 10 + 20$
$\qquad - 7.4 = 47; \ \delta_2(\text{exp.}) = 54.3$

$\delta_3(\text{ber.}) = 24.8 + \Delta_\gamma(\text{Br}) + \Delta_\beta(\text{Br}) + S_{2°3°} = 24.8 - 4 + 10 - $
$\qquad 2.5 = 28; \ \delta_3(\text{exp.}) = 29.0$

$\delta_4(\text{ber.}) = 13.0 + \Delta_\gamma(\text{Br}) = 13.0 - 4 = 9; \ \delta_4(\text{exp.}) = 10.9$

Hier weicht die Vorhersage für die substituierten C-Atome deutlich von den experimentellen Befunden ab. Ist ein Kohlenstoffatom durch zwei oder mehrere polare Gruppen substituiert, so gibt die Anwendung von Gl. [3-3] im allgemeinen noch schlechtere Ergebnisse. Die ^{13}C-Verschiebungen aller Halogenmethane CH_3X, CH_2X_2, CHX_3 und CX_4 sind in Tab. 3-7 wiedergegeben, anhand derer sich der Leser selbst vom Ausmaß der *Additivitätsabweichungen* informieren möge.

Tab. 3-7. ^{13}C-Verschiebungen von Halogenmethanen

X	CH$_3$X	CH$_2$X$_2$	CHX$_3$	CX$_4$
		δ		
F	75.2	109.0	116.4	118.5
Cl	24.9	54.0	77.5	96.5
Br	10.0	21.4	12.1	− 28.7
I	− 20.7	− 54.0	− 139.9	− 292.5

Die ^{13}C-Verschiebungen *aliphatischer Amine,* vor allem der α-C-Atome, hängen stark vom *Substitutionsgrad des Stickstoffatoms* ab. So sind die α-Kohlenstoffe in der Reihe primäre < sekundäre < tertiäre Amine zunehmend entschirmt. Formal entspricht dieses Verhalten dem der entsprechenden Alkane (CH statt N), und die α-Entschirmung geht parallel mit der Zunahme der Zahl der β-ständigen C-Atome. Da die Anzahl der möglichen Strukturen schon bei Aminen mit wenigen Kohlenstoffen sehr groß ist, beschränken wir uns zur Demonstration auf die Wiedergabe der Verschiebungen von Ethyl-, Diethyl- und Triethylamin.

Die aus Tab. 3-6 hervorgehenden Unterschiede in den Substituenteninkrementen von Hydroxy- und Acetoxyfunktionen werden häufig zu Zwecken der Signalzuordnung herangezogen, da OH- leicht in OAc-Derivate* überführt werden können. Δ_α ist in Acetaten etwa 2 bis 4 ppm größer, Δ_β etwa 3 ppm kleiner als in Alkoholen. Das bedeutet, daß die *Acetylierungsverschiebungen,* also $\Delta_{Ac} = \delta_{ROAc} - \delta_{ROH}$, an C-α +2 bis +4 ppm und an C-β ca. −3 ppm betragen. Da die Resonanzen weiter entfernter Kohlenstoffe nur wenig verschoben werden, lassen sich durch den Vergleich Acetat/Alkohol die Signale der α- und

---

* Ac = Abkürzung für den Acetyl-Rest CH_3CO-.

β-C-Atome oft eindeutig zuordnen. Die Acetylierungsverschiebung von C-α in tertiären Alkoholen ist sehr viel größer als in primären und sekundären Derivaten und beträgt etwa 11 ppm.

Übung 3-5.
Vier Verbindungen der Elementarzusammensetzung $C_5H_{12}O$ zeigen folgende ^{13}C-Spektren (in Klammern Off-Resonance-Multiplizität und relative Intensität):
A: $\delta = 78.5\,(T;1),\ 56.8\,(Q;1),\ 27.3\,(D;1),\ 17.8\,(Q;2)$.
B: $\delta = 62.4\,(T;1),\ 32.8\,(T;1),\ 28.9\,(T;1),\ 23.0\,(T;1),\ 14.2\,(Q;1)$.
C: $\delta = 74.5\,(D;1),\ 29.7\,(T;2),\ 10.1\,(Q;2)$.
D: $\delta = 71.0\,(S;1),\ 36.5\,(T;1),\ 28.7\,(Q;2),\ 8.8\,(Q;1)$.
Welche Strukturen haben $A - D$? Berechnen Sie alle chemischen Verschiebungen.

3.3.2.2. Cycloalkane

Die Einflüsse von polaren Substituenten auf die chemischen Verschiebungen α-, β-, γ- und δ-ständiger Kohlenstoffatome in Cyclohexan sind in Tab. 3-8 zu finden. Wie bei den Methylcyclohexanen (Abschnitt 3.3.1.2.) sind die Δ_i-Werte für äquatoriale und axiale Substituenten stark verschieden. Die Daten der Tabelle wurden entweder an monosubstituierten Cyclohexanen gewonnen, die bei so tiefer Temperatur vermessen wurden, daß die Spektren der axialen und äquatorialen Konformeren nebeneinander sichtbar waren (langsame Ringinver-

Tab. 3-8: Einfluß Δ_i von Substituenten auf die ^{13}C-Verschiebungen in äquatorial(*e*)- und axial(*a*)-substituierten Cyclohexanen.

X	Δ_α *e*	*a*	Δ_β *e*	*a*	Δ_γ *e*	*a*	Δ_δ *e*	*a*
OH	+44	+39	+ 9	+6	−2	−7	−2	−1
OCH_3	+52	+47	+ 4	+2	−3	−7	−2	−1
OAc	+46	+42	+ 5	+3	−2	−6	−2	
F	+64	+61	+ 6	+3	−3	−7	−3	−2
Cl	+32	+32	+11	+7	−1	−7	−2	−1
Br	+25	+28	+11	+7	0	−6	−2	−2
I	+ 2	+ 9	+14	+9	+2	−5	−2	−1

sion), oder an den 4-*t*-Butyl-Derivaten, die sterisch einheitlich mit äquatorialer *t*-Butyl-Gruppe und axialem (*cis*-Verbindung) bzw. äquatorialem Substituenten (*trans*-Verbindung) vorliegen.

Die orientierungsabhängigen α-, β- und γ-Substituenteneffekte werden oft herangezogen, um die Stereochemie von Naturstoffen abzuleiten, die gesättigte Sechsringe enthalten, vor allem bei Steroiden oder bei Kohlenhydraten in der Pyranose-Form.

Übung 3-6.
Die ^{13}C-Verschiebungen von C-1, C-2, C-6 und C-7 der beiden isomeren 2-Norbornanole betragen in der angegebenen Reihenfolge:
Isomer *A*: 44.5, 74.4, 24.9, 34.6 und Isomer *B*: 43.1, 72.5, 20.4, 37.8. Welche Konfiguration (*exo* oder *endo*) haben *A* und *B*? Vergleichen Sie die Verhältnisse mit denen bei den 2-Methylnorbornanen (Abschnitt 3.3.1.2.).

3.3.2.3. Nichtaromatische Heterocyclen

Die nichtaromatischen Heterocyclen können formal als Ether, Amine, Sulfide etc. aufgefaßt werden. Es ist aber nicht möglich, ihre ^{13}C-Verschiebungen mit Hilfe der bisher besprochenen Gesetzmäßigkeiten abzuschätzen, da sie sich nicht durch Einführung eines Substituenten von den Kohlenwasserstoffen ableiten sondern durch Ersatz einer Methylengruppe durch ein Heteroatom. Die chemischen Verschiebungen wichtiger gesättigter Heterocyclen finden sich in Tab. 3-9.

3.3.2.4. Alkene, Alkine und Allene

Substituiert man olefinische oder acetylenische Protonen durch polare Gruppen, so haben mesomere Effekte einen großen Einfluß auf die chemischen Verschiebungen der sp^2- bzw. sp-Kohlenstoffatome. Hierauf wurde schon in Abschnitt 3.2.2. hingewiesen. Die β-ständigen ungesättigten C-Atome reflektieren die *Elektronendonator*- bzw.

Tab. 3-9. ^{13}C-Verschiebungen von aliphatischen Heterocyclen $X(CH_2)_n$

X	n	δ_2	δ_3	δ_4
O	2	39.5		
	3	72.6	22.9	
	4	68.4	26.5	
	5	69.5	27.7	24.9
N	2	18.2		
	3[a]	57.7	17.5	
	4	47.1	25.7	
	5	47.9	27.8	25.9
S	2	17.5		
	3	25.7	27.8	
	4	31.7[b]	31.2[b]	
	5	29.1	27.9	26.6

a) N-Methyl-Derivat; $\delta_{CH_3} = 46.4$.
b) Zuordnung nicht gesichert.

Elektronenakzeptor-Eigenschaften des Substituenten. Donatoren sind Substituenten, die über ein Heteroatom mit freien Elektronenpaaren an die Doppelbindung gebunden sind wie z. B. OR und F. Sie verursachen eine Erhöhung der Elektronendichte an C-β und bewirken dessen Abschirmung. Umgekehrt sind ungesättigte konjugierte Substituenten wie NO_2, CN, COR Akzeptoren, die eine Elektronenverarmung an C-β und damit dessen Entschirmung verursachen. An den *ortho*-C-Atomen von Benzolderivaten findet man ähnliche Effekte, die aber wegen des geringeren Doppelbindungscharakters der $C_{ipso} - C_{ortho}$-Bindung kleiner sind. Substituenteneinflüsse auf die ^{13}C-Verschiebungen des Ethylens sind in Tab. 3-10 aufgeführt. Die untenstehenden Formeln zeigen einige der wenigen vorhandenen Beispiele für Effekte polarer Gruppen auf die ^{13}C-Verschiebungen von Acetylen und Allen.

65

Tab. 3-10. Substituteneinfluß Δ_i auf die ^{13}C-Verschiebungen in Ethylen,
$$\Delta_i = \delta_i(\overset{\beta}{CH_2} = \overset{\alpha}{CH} - X) - \delta_i(CH_2 = CH_2).$$

X	Δ_α	Δ_β
CH_3	+ 10.6	− 7.9
C_6H_5	+ 12.5	− 11.0
F	+ 24.9	− 34.3
Cl	+ 2.6	− 6.1
Br	− 7.9	− 1.4
I	− 38.1	+ 7.0
OCH_3	+ 29.4	− 38.9
OAc	+ 18.4	− 26.7
NO_2	+ 22.3	− 0.9
CHO	+ 13.1	+ 12.7
$COCH_3$	+ 15.0	+ 5.8
COOH	+ 4.2	+ 8.9
$COOC_2H_5$	+ 6.3	+ 7.0
CN	− 15.1	+ 14.2

3.3.2.5. Aromaten

In Tab. 3-11 sind die Verschiebungsänderungen von Benzol (δ = 128.5) angegeben, die durch Einführung von Substituenten an den *ipso*-, *ortho*-, *meta*- und *para*-Kohlenstoffen induziert werden. Während verschiedene Faktoren für die Größe von Δ_{ipso} und Δ_{ortho} maßgebend sind, übersteigt Δ_{meta} nur selten 1.5 ppm, und für Δ_{para} ist hauptsächlich der mesomere Effekt der Substituenten ausschlaggebend, durch den die Elektronendichte an C_{para} erhöht (Abschirmung) oder erniedrigt wird (Entschirmung).

In mehrfach substituierten Benzolderivaten gehorchen die chemischen Verschiebungen im allgemeinen gut dem Prinzip der *Additivität* der Substituenteneffekte. Ausnahmen bilden *ortho*-disubstituierte Benzole, in denen die Additivitätsabweichungen für die Verschiebungen der substituierten Kohlenstoffe um bis zu 10 ppm betragen können. In *para*-disubstituierten Benzolen mit stark elektronenziehenden

66

Tab. 3-11. Substituenteneinflüsse Δ_k auf die ^{13}C-Verschiebungen von Benzol

X	Δ_i	Δ_o	Δ_m	Δ_p
CH_3	+ 9.3	+ 0.8	0.0	− 2.9
CH_2CH_3	+15.6	− 0.4	0.0	− 2.6
$CH(CH_3)_2$	+20.2	− 2.5	+0.1	− 2.4
$C(CH_3)_3$	+22.4	− 3.1	−0.1	− 2.9
COOH	+ 2.1	+ 1.5	0.0	+ 5.1
COCl	+ 4.6	+ 2.4	0.0	+ 6.2
$COOCH_3$	+ 2.1	+ 1.1	+0.1	+ 4.5
CHO	+ 8.6	+ 1.3	+0.6	+ 5.5
$COCH_3$	+ 9.1	+ 0.1	0.0	+ 4.2
CN	−15.4	+ 3.6	+0.6	+ 3.9
OH	+26.9	−12.9	+1.4	− 7.3
OCH_3	+31.3	−14.4	+1.1	− 7.7
OAc	+23.0	− 6.4	+1.3	− 2.3
NH_2	+18.1	−13.3	+0.9	− 9.9
$N(CH_3)_2$	+22.4	−15.7	+0.7	−11.7
NHAc	+11.1	− 9.9	+0.2	− 5.6
NO_2	+20.2	− 4.9	+0.9	+ 5.9
F	+34.7	−12.9	+1.6	− 4.5
Cl	+ 6.3	+ 0.4	+1.3	− 2.1
Br	− 5.5	+ 3.4	+1.6	− 1.6
I	−33.7	+ 9.3	+1.9	− 1.0

oder -abgebenden Substituenten treten Differenzen zwischen vorhergesagten und experimentellen Werten von bis zu 4 ppm für δ_1 und/oder δ_4 auf.

Da mesomere Substituenteneffekte sehr weitreichend sind, verursachen stark elektronenziehende oder -schiebende Gruppen starke Verschiebungsänderungen auch an weit entfernten Kohlenstoffatomen, sofern Resonanzstrukturen möglich sind, in denen diese C-Atome positive oder negative Ladungen tragen. Dies ist beispielsweise der Fall an C-4' in 4-substituierten Biphenylen oder an C-6 in 2-substituierten Naphthalinen.

$\Delta_6 = -1.5$

$\Delta_6 = +4.0$

Übung 3-7.
Das ^{13}C-Spektrum einer Substanz C_6H_6ClN zeigt Signale bei $\delta = 147.8\,(S)$, $135.1\,(S)$, $130.4\,(D)$, $118.6\,(D)$, $115.0\,(D)$, $113.1\,(D)$ (Off-Resonance-Multiplizitäten in Klammern). Um welche Verbindung handelt es sich? Ordnen Sie die Signale zu. Welche Verschiebungen erwarten Sie für die anderen möglichen Isomeren unter der Annahme, daß das Additivitätsprinzip der Substituenteneffekte erfüllt ist?

Übung 3-8.
Die chemische Verschiebung von C-4 in Anilin beträgt $\delta = 118.6$ in einer CCl_4-Lösung, 127.3 in Essigsäure und 130.5 in Trifluoressigsäure. Erklären Sie diesen Befund.

3.3.2.6. Heteroaromaten

Die ^{13}C-Resonanzen von heteroaromatischen Verbindungen umspannen einen sehr viel größeren Bereich als die der unsubstituierten isocyclischen Aromaten, weil die Heteroatome starke Veränderungen der Elektronendichte an den Kohlenstoffatomen verursachen. Vergleicht man die ^{13}C-Verschiebungen von Pyridin ($\delta_2 = 149.8$, $\delta_3 = 123.6$, $\delta_4 = 135.7$) mit derjenigen von Benzol, so macht die starke Entschirmung von C-2 und C-4 deutlich, daß diese Atome entsprechend den angegebenen Resonanzstrukturen an Elektronen verarmt sind.

Infolge der veränderten Elektronenverteilung in Pyridin relativ zu Benzol ändern sich auch die Substituenteninkremente (Tab. 3-12). Besonders bei Einführung von Substituenten in 2-Stellung weichen die induzierten Verschiebungen an diesem C-Atom von den Δ_{ipso}-Werten des Benzols ab. Da C-2 in diesem Fall formal zweifach substituiert ist, nämlich durch den Aza-Stickstoff und den eingeführten Substituenten, ist dieses Verhalten zu erwarten.

Tab. 3-12. ^{13}C-Verschiebungsänderungen Δ_{ij} des C-Atoms j bei Einführung eines Substituenten X an C_i

a) *Substituent an C-2*

X	Δ_{22}	Δ_{23}	Δ_{24}	Δ_{25}	Δ_{26}
CH_3	+ 9.1	− 1.0	−0.1	− 3.4	−0.1
F	+14.4	−14.7	+5.1	− 2.7	−1.7
Cl	+ 2.3	+ 0.7	+3.3	− 1.2	+0.6
Br	− 6.7	+ 4.8	+3.3	− 0.5	+1.4
NH_2	+11.3	−14.7	+2.3	−10.6	−0.9
$COCH_3$	+ 4.3	− 2.8	+0.7	+ 3.0	−0.2
CN	−15.8	+ 5.0	+1.7	+ 3.6	+1.9

b) *Substituent an C-3*

X	Δ_{32}	Δ_{33}	Δ_{34}	Δ_{35}	Δ_{36}
CH_3	+ 1.3	+ 9.0	+ 0.2	−0.8	− 2.3
F	−11.5	+36.2	−13.0	+0.9	− 3.9
Cl	− 0.3	+ 8.2	− 0.2	+0.7	− 1.4
Br	+ 2.1	− 2.6	+ 2.9	+1.2	− 0.9
NH_2	−11.9	+21.5	−14.2	+0.9	−10.8
CN	+ 3.6	−13.7	+ 4.4	+0.6	+ 4.2

c) *Substituent an C-4*

X	Δ_{42}	Δ_{43}	Δ_{44}
CH_3	+0.5	+ 0.8	+10.8
F	+2.7	−11.8	+33.0
Br	+3.0	+ 3.4	− 3.0
NH_2	+0.9	−13.8	+19.6
$COCH_3$	+1.6	− 2.6	+ 6.8
CN	+2.1	+ 2.2	−15.7

Einige häufig vorkommende Heterocyclen mit ihren ^{13}C-Verschiebungen finden sich im folgenden Formelschema.

135.7 123.6 149.8

156.4 121.4 158.0

N N N 166.5

107.7 118.0 H

109.9 143.0 O

126.4 124.9 S

104.7 133.3 133.3 N N H

122.3 122.3 N 136.2 N H

143.2 118.6 N S 152.7

128.0 127.6 135.7 126.3 120.8 129.2 150.0 129.2 N 148.1

135.5 126.2 120.2 130.1 142.7 127.0 N 127.3 152.2 128.5

127.7 120.0 101.1 118.8 125.1 120.9 111.4 135.9 N H

144.8 128.4 152.0 147.9 N N N 154.9 H

Übung 3-9.
Eine Verbindung der Elementarzusammensetzung C_7H_9N zeigt folgendes
^{13}C-NMR-Spektrum: δ = 158.4 (S), 149.2 (D), 147.2 (S), 124.3 (D), 121.9 (D),
24.2 (Q), 20.8 (Q). Geben Sie die Struktur der Verbindung an und ordnen Sie
die Signale zu.

3.3.3. Funktionelle Gruppen

Die ^{13}C-Resonanzen kohlenstoffhaltiger funktioneller Gruppen geben oft entscheidende Hinweise auf die Strukturen unbekannter Verbindungen. Deshalb ist es wichtig, die Erwartungsbereiche dieser ^{13}C-
Signale zu kennen und die Abhängigkeit der chemischen Verschiebungen von der Natur des Kohlenwasserstoffrestes, der die funktionelle
Gruppe trägt.

Carbonyle sind die am häufigsten anzutreffenden C-haltigen funktionellen Gruppen. Tab. 3-13 enthält eine Übersicht über die Verschiebungen von C = O-Kohlenstoffen in Ketonen, Aldehyden, Carbonsäu-
resalzen, Carbonsäuren, Carbonsäureamiden, -chloriden, -methyl-

Tab. 3-13. ^{13}C-Verschiebungen von Carbonylgruppen

R	R-COCH$_3$	R-CHO	R-COO$^-$	R-COOH	R-CONH$_2$	R-COCl	R-COOCH$_3$	(R-CO)$_2$O
–H	199.7		171.3	166.3	165.5		161.6	
–CH$_3$	206.0	199.7	181.7	178.1	172.7	168.6	170.7	167.3
–CH$_2$CH$_3$	207.6	201.8	185.1	180.4	177.2	174.7	173.3	170.3
–CH(CH$_3$)$_2$	211.8	204.0		184.1	179.0	178.0	175.7	172.8
–C(CH$_3$)$_3$	213.5		188.6	185.9	180.9	180.3	178.9	173.9
–CH=CH$_2$	197.2	192.4	179.3	171.7	168.3	165.6	165.5	
–C$_6$H$_5$	197.6	192.0	175.6	172.6	169.7	168.0	166.8	162.8

estern und -anhydriden. Man erkennt, daß die Carbonyl-Kohlenstoffe in der angeführten Reihenfolge zunehmend abgeschirmt werden. Ketone haben die am stärksten entschirmten C-Atome im Gesamtspektrum der ^{13}C-Verschiebungen. Aus Tab. 3-13 ergibt sich weiterhin eine zunehmende Entschirmung mit zunehmender Verzweigung des zur funktionellen Gruppe benachbarten Kohlenstoffatoms (β-Effekt). Ungesättigte Reste R (Vinyl, Phenyl) verursachen durch Mesomerie Abschirmung des Carbonyl-C-Atoms relativ zu den gesättigten Verbindungen (Abschnitt 3.2.2.).

Die ^{13}C-Verschiebungen einiger cyclischer Ketone, Ester (Lactone), Amide (Lactame), Anhydride und Imide folgen im Formelschema.

Die Bereiche der chemischen Verschiebungen einiger weniger häufig vorkommenden funktionellen Gruppen finden sich in Tab. 3-14.

Tab. 3-14. ^{13}C-Verschiebungsbereiche für einige weniger häufige funktionelle Gruppen.

Funktionelle Gruppe	Bereich [δ]
$-C \equiv N$ (Nitrile)	115 – 125
$-\overset{+}{N} \equiv \overset{-}{C}$ (Isonitrile)	156 – 166
$>C = N - OH$ (Oxime)	145 – 160
$-O - CO - O -$ (Carbonate)	152 – 157
$>N - CO - N<$ (Harnstoffe)	155 – 165

Übung 3-10.

Das ^{13}C-NMR-Spektrum einer Substanz der Molmasse 98 weist folgende Resonanzen auf: $\delta = 219.0\,(S)$, $46.7\,(T)$, $38.4\,(T)$, $31.7\,(D)$, $31.3\,(T)$, $20.3\,(Q)$. Wie lautet sie Summenformel? Bestimmen Sie die Struktur und ordnen Sie die Signale zu.

Übung 3-11.

Zu welcher Verbindung der Elementarzusammensetzung $C_6H_8O_3$ gehört das folgende ^{13}C-Spektrum: $\delta = 165.5\,(S)$, $131.2\,(T)$, $128.3\,(D)$, $65.3\,(T)$, $49.2\,(D)$, $44.3\,(T)$.

Übung 3-12.

Eine Substanz $C_5H_8O_3$ weist folgende ^{13}C-Absorptionen auf: $\delta = 208.6\,(S)$, $177.3\,(S)$, $37.8\,(T)$, $29.8\,(Q)$, $27.9\,(T)$. Welche Struktur hat sie?

4. Spin-Kopplungen mit ^{13}C-Kernen

Obwohl von den spektralen Parametern in der ^{13}C-NMR-Spektroskopie sicherlich die chemischen Verschiebungen den höchsten Informationsgehalt besitzen, liefern auch Spin-Kopplungen mit ^{13}C-Kernen wichtige Hinweise auf die Strukturen unbekannter Verbindungen. Bei Routineuntersuchungen werden normalerweise die ^{13}C-Kerne von allen Protonen gleichzeitig entkoppelt (*„Rauschentkopplung"*, s. Kap. 1), so daß die Spektren nur Singuletts enthalten, wenn keine anderen magnetisch aktiven Atomkerne im Molekül vorhanden sind. Enthält eine Verbindung hingegen sog. magnetisch aktive „Heterokerne" (in der organischen Chemie sind hier vor allem ^{19}F und ^{31}P zu nennen), dann sind Spin-Wechselwirkungen mit diesen Kernen sichtbar, und in der Nachbarschaft befindliche ^{13}C-Kerne ergeben aufgrund von ^{19}F,^{13}C- oder ^{31}P,^{13}C-Kopplungen Signale, die zu Dubletts (bei einem benachbarten ^{19}F- oder ^{31}P-Kern), Tripletts (bei zwei magnetisch äquivalenten Heterokernen) usw. aufgespalten sind. Da die normalerweise interessierenden Moleküle meist nur wenige Heterokerne enthalten, werden die Spektren durch deren Anwesenheit nicht allzu kompliziert. Von größerem Interesse sind jedoch die ^{13}C,^{1}H-Kopplungen. Einerseits erlaubt das Aufspaltungsmuster, das von den direkt an ein ^{13}C-Atom gebundenen Protonen hervorgerufen wird, eine Bestimmung des Substitutionsgrades, andererseits können die Größen der ^{13}C,^{1}H-Kopplungen bedeutsame Hinweise auf die molekulare Umgebung von Kohlenstoffatomen geben. Bei der Untersuchung von ^{13}C-Spektren unbekannter Verbindungen nimmt man neben dem ^{1}H-rauschentkoppelten Spektrum stets auch ein partiell entkoppeltes (*„Off-Resonance"-entkoppeltes*) Spektrum auf (vgl. Kap. 1 und 5), in dem die Kopplungskonstanten um etwa eine Größenordnung reduziert erscheinen, so daß nur Aufspaltungen durch direkt gebundene Protonen sichtbar bleiben, weil $^{1}J_{CH}$-Werte sehr viel größer sind (120 – 250 Hz) als C,H-Kopplungen über zwei oder mehr Bindungen (0 – 20 Hz). Aus der Multiplizität der Signale ist dann direkt die Anzahl der gebundenen Wasserstoffatome und damit der Substitutionsgrad des C-Atoms ersichtlich.

Möchte man hingegen die genaue Größe der J_{CH}-Werte kennenlernen, so muß das ^{13}C-Spektrum ohne ^{1}H-Entkopplung aufgenommen werden. Dann treten auch Aufspaltungen durch Protonen auf, welche mehr als eine Bindung von den betrachteten Kohlenstoffen entfernt sind (sog. *Fernkopplungen*), und die Spektren können sehr kompliziert werden. Die Aufspaltung einer ^{13}C-Absorption in viele Einzellinien verschlechtert natürlich die Empfindlichkeit des Experiments, und man braucht zur Aufnahme ^{1}H-gekoppelter Spektren größere Substanzmengen oder längere Akkumulationszeiten als bei rauschentkoppelten oder „Off-Resonance"-entkoppelten Spektren. Eine weitere Empfindlichkeitsverschlechterung tritt durch den Wegfall des *Kern-Overhauser-Effektes* (NOE, s. Kap. 1) ein. Durch die Methode des *„gated decoupling"* (to gate, engl. ein- und ausschalten) kann man mit etwas höherem Zeitaufwand allerdings den NOE-Intensitätsgewinn in ^{1}H-gekoppelten Spektren erhalten. Hierzu führt man zwischen den Aquisitionsperioden (*AT*), während derer man den FID registriert, *Wartezeiten* (*PD*) in der Größenordnung der Spin-Gitter-Relaxationszeit ein, in denen der Entkoppler eingeschaltet wird, so daß sich der NOE aufbauen kann. Kurz vor Beginn jeder *AT* wird der Entkoppler wieder ausgeschaltet. Dadurch bricht augenblicklich der Entkopplungseffekt zusammen, der NOE baut sich aber nur langsam ab (Relaxationsprozeß) und bleibt auch noch während *AT* erhalten. Man erhält so ein Spektrum, das sowohl die Kopplungsinformation enthält als auch den Empfindlichkeitsgewinn durch den NOE. In Abb. 4-1 ist die Impulsfolge für ein „gated decoupling"-Experiment schematisch dargestellt.

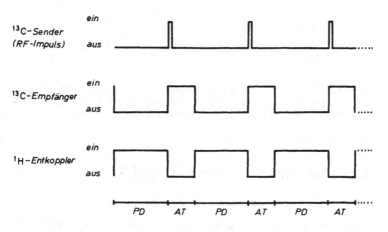

Abb. 4-1. Impulsfolge für ein „gated decoupling"-Experiment, bei dem ein ^{1}H-gekoppeltes ^{13}C-Spektrum unter NOE-Erhalt resultiert (*AT* = Aquisitionszeit, *PD* = Wartezeit).

Abb. 4-2 zeigt die Gegenüberstellung eines ^{1}H-rauschentkoppelten, eines ^{1}H-„Off-Resonance"-entkoppelten und eines ^{13}C-Spektrums von Ethanol, das alle ^{13}C,^{1}H-Kopplungen enthält und mittels „gated decoupling" aufgenommen wurde. Die angegebenen Meßzeiten vermitteln einen Eindruck von der Empfindlichkeit des jeweiligen Verfahrens.

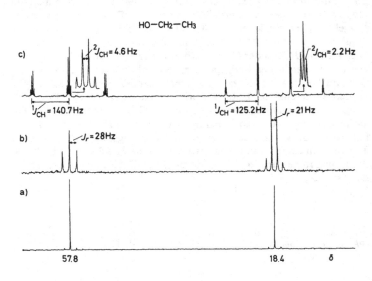

Abb. 4-2. ^{13}C-NMR-Spektren einer 80-proz. Lösung von Ethanol in C_6D_6, a) ^{1}H-rauschentkoppelt, b) ^{1}H-Off-Resonance-entkoppelt, c) ^{1}H-gekoppelt unter NOE-Erhalt. Meßzeiten: a) 0.2 min, b) 2.7 min, c) 16 min.

4.1. Kopplungen zwischen ^{13}C und ^{1}H

4.1.1. ^{13}C,^{1}H-Kopplungen über eine Bindung

Die Größe von Kopplungskonstanten zwischen direkt gebundenen ^{13}C- und ^{1}H-Kernen hängt hauptsächlich von zwei Faktoren ab, nämlich der *Hybridisierung* des Kohlenstoffatoms und der *Elektronegativität* vorhandener Substituenten.

Die empirische Beziehung [4-1] drückt den Zusammenhang aus zwischen $^1J_{CH}$ und dem s-Charakter (in Prozent) des Kohlenstofforbitals, das an der C-H-Bindung beteiligt ist.

$$^1J_{CH} = 5 \cdot (\% \, s) \tag{4-1}$$

Für sp³-, sp²- und sp-Kohlenstoffatome (s-Charakter 25, 33 bzw. 50%) ergeben sich damit $^1J_{CH}$-Werte von 125, 165 bzw. 250 Hz, die in guter Übereinstimmung mit den experimentellen Befunden stehen. Einige $^1J_{CH}$-Kopplungen in unsubstituierten Kohlenwasserstoffen sind in Tab. 4-1 aufgeführt.

Tab. 4-1. Einige $^1J_{CH}$-Kopplungskonstanten in Kohlenwasserstoffen

Verbindung	$^1J_{CH}$ [Hz]	Verbindung	$^1J_{CH}$ [Hz]
Cyclohexan	123	Benzol	158
Methan	125	Cyclopropan	161
Cyclopentan	128	Bicyclobutan (C-1)	205
Cyclobutan	136	Acetylen	249
Ethylen	156		

In den Cycloalkanen wächst $^1J_{CH}$ mit abnehmender Ringgröße, d. h. mit zunehmender Verkleinerung des CCC- bzw. Vergrößerung des CCH-Winkels. Darin drückt sich der zunehmende s-Charakter der Kohlenstofforbitale aus, die die C-H-Bindungen bilden. In Cyclopropan hat $^1J_{CH}$ praktisch denselben Wert wie in Ethylen. Cyclopropankohlenstoffe sind also nicht nur an ihrer charakteristischen Abschirmung sondern auch an den großen $^1J_{CH}$-Kopplungen zu erkennen.

Verknüpft man elektronegative Substituenten mit einem Kohlenstoffatom, so steigt $^1J_{CH}$ gegenüber dem Wert im unsubstituierten Kohlenwasserstoff an. Tab. 4-2 enthält einige $^1J_{CH}$-Werte für substituierte Methane.

Für *mehrfach substituierte Kohlenstoffatome* CHXYZ wurde eine Additivitätsbeziehung [4-2] abgeleitet, mit deren Hilfe sich die $^1J_{CH}$-Werte aus Substituenteninkrementen ξ_X, ξ_Y und ξ_Z (Tab. 4-3) annähernd vorhersagen lassen.

$$^1J_{CH} = \xi_X + \xi_Y + \xi_Z \tag{4-2}$$

Tab. 4-2. $^1J_{CH}$-Kopplungskonstanten in substituierten Methanen

Verbindung	$^1J_{CH}$ [Hz]	Verbindung	$^1J_{CH}$ [Hz]
CH_3Li	98	$(CH_3)_2S$	138
$(CH_3)_2Mg$	106	CH_3OH	142
$(CH_3)_4Si$	118	$CH_3NH_3^+$	145
CH_4	125	CH_3NO_2	147
CH_3CH_3	125	CH_3Cl	149
CH_3CHO	127	CH_2Cl_2	177
CH_3NH_2	133	$CHCl_3$	208
CH_3CN	136		

Tab. 4-3. Substituenteninkremente ξ_X zur Vorhersage von $^1J_{CH}$-Kopplungen mittels Gl. [4-2]

Substituent	ξ_X [Hz]	Substituent	ξ_X [Hz]
H	41.7	NO_2	63.6
CH_3	42.6	CN	52.6
C_6H_5	42.6	F	65.6
$C(=O)R$	43.6	Cl	66.6
$CH=CH_2$	38.6	Br	67.6
$C\equiv CH$	47.6	I	67.6
COOH	45.6	CCl_3	50.6
COOR	46.6	$CHCl_2$	47.6
OH	58.6	CH_2Cl	44.6
OCH_3	56.6	CH_2Br	44.6
OC_6H_5	59.6	CH_2I	48.6
NH_2	49.6	SCH_3	54.6
$NHCH_3$	48.6	$SOCH_3$	54.6
$N(CH_3)_2$	48.6		

Einige Beispiele mögen die Anwendung von Gl. [4-2] erläutern:
$C_6H_5-CH_2-OH$: $^1J_{CH} = \xi_H + \xi_{C_6H_5} + \xi_{OH} = 41.7 + 42.6 + 58.6$
$= 142.9$; experimentell: 140.0 Hz; $C_6H_5-CH_2-Br$: $^1J_{CH} = \xi_H +$
$\xi_{C_6H_5} + \xi_{Br} = 41.7 + 42.6 + 67.6 = 151.9$; experimentell: 152.5 Hz;
$CH_2(NO_2)_2$: $^1J_{CH} = \xi_H + 2 \cdot \xi_{NO_2} = 41.7 + 2 \cdot 63.6 = 168.9$; experimentell: 169 Hz. Einer der an das C-Atom gebundenen Wasserstoffe

bleibt also bei der Berechnung immer unberücksichtigt, da dessen Beitrag aufgrund der Art und Weise, in der Gl. [4-2] abgeleitet wurde, bereits indirekt in den Substituenteninkrementen enthalten ist. Trägt ein Kohlenstoff drei polare Substituenten, so ist die Qualität der Vorhersage nicht mehr so gut wie in den obigen Beispielen. Z. B. berechnet man für CHCl₃ $^1J_{CH} = 3 \cdot \xi_{Cl} = 3 \cdot 66.6 = 199.8$ Hz, gefunden wird aber ein Wert von 209 Hz.

In *Benzolderivaten* werden die $^1J_{CH}$-Werte von Substituenten nur mäßig stark beeinflußt. Sie variieren für die *ortho*-C-Atome zwischen 168 Hz (Nitrobenzol) und 156 Hz (Anilin, Toluol), für die *meta*-C-Atome zwischen 165 Hz (Nitrobenzol) und 157 Hz (Anilin) und für das *para*-C-Atom zwischen 163 Hz (Nitrobenzol) und 158 Hz (Phenyltrimethylsilan).

Gute Dienste leisten $^1J_{CH}$-Kopplungen bei der Signalzuordnung in Heterocyclen. Man findet bei *gesättigten Heterocyclen* eine analoge Abhängigkeit von der Ringgröße wie bei den Cycloalkanen. Der Einfluß des Heteroatoms nimmt mit zunehmender Entfernung von der C−H-Bindung ab (Tab. 4-4).

Tab. 4-4. $^1J_{CH}$-Kopplungskonstanten [Hz] in gesättigten Heterocyclen

Verbindung	C-2	C-3	C-4
Oxiran	176		
Oxetan	148	137	
Tetrahydrofuran	145	133	
Tetrahydropyran	139	128	125
Aziridin	168		

Aromatische Heterocyclen zeigen ebenfalls große Variationen von $^1J_{CH}$ in Abhängigkeit von der Position der C−H-Bindung relativ zu den Heteroatomen sowie von Art und Anzahl der Heteroatome. Besonders große $^1J_{CH}$-Werte findet man bei C−H-Bindungen, die sich zwischen zwei Heteroatomen befinden. Einige repräsentative Beispiele für $^1J_{CH}$ in Heteroaromaten sind in den untenstehenden Formeln dargestellt.

Übung 4-1.
Die Signale der beiden gekennzeichneten Methylenkohlenstoffe in der tricyclischen Verbindung A können anhand ihrer chemischen Verschiebungen (δ = 15.7 bzw. 19.7) nicht zugeordnet werden. Die $^1J_{CH}$-Werte betragen 161 Hz für das stärker abgeschirmte C-Atom und 129 Hz für das andere. Benutzen Sie diese Information zur Signalzuordnung.

A

Übung 4-2.
Die chemischen Verschiebungen einer unbekannten Verbindung ließen offen, ob Struktur B oder C vorlag. $^1J_{CH}$ für die CH_2-Gruppe im fünfgliedrigen Ring wurde zu 144.6 Hz bestimmt. Berechnen Sie mittels Gl. [4-2] die $^1J_{CH}$-Werte für B und C und entscheiden Sie damit, um welche Struktur es sich handelt. Berücksichtigen Sie den Tatbestand, daß $^1J_{CH}$ in fünfgliedrigen Ringen etwa 3 Hz größer ist als in analogen offenkettigen Verbindungen.

B C

4.1.2. $^{13}C,^1H$-Kopplungen über zwei und mehr Bindungen

$^2J_{CH}$-Kopplungen (geminale Kopplungen).

In unsubstituierten gesättigten Verbindungen sind geminale C,H-Kopplungen klein (Ethan: -4.5 Hz)*. Trägt C-2 im Fragment $C^2 - C^1 - H$ elektronegative Substituenten oder sind C-1 oder C-2 ungesättigt, dann können die $^2J_{CH}$-Werte stark ansteigen (Extremfall: 65 Hz in Fluoracetylen). Die Kopplungen zwischen Aldehydprotonen und den geminalen Kohlenstoffatomen sind schon so groß (ca. 25 Hz), daß diese Aufspaltungen oft unter den Bedingungen der „Off-Resonance"-Entkopplung nicht vollständig verschwinden und deshalb als Zuordnungskriterium dienen können. In *Benzolderivaten* ist $^2J_{CH}$

---

* Das Vorzeichen einer Kopplung beeinflußt in stark gekoppelten Spin-Systemen das Erscheinungsbild (Aufspaltungsmuster) des Spektrums.

meist so klein (0 – 2 Hz), daß die dadurch verursachten Aufspaltungen bei normalen Aufnahmebedingungen im Spektrum nicht sichtbar sind. Größere geminale Kopplungen (– 5 bis +4 Hz) erfahren nur durch Heteroatome substituierte Kohlenstoffe. Auch in *Heteroaromaten* treten beträchtliche Geminalkopplungen auf. Einige ausgewählte Werte für geminale C,H-Kopplungen sind in Tab. 4-5 zusammengestellt.

Tab. 4-5. $^2J_{CH}$-Kopplungskonstanten[a)]

Verbindung	$^2J_{CH}$ [Hz]
$CH_3 - CH_3$	– 4.5
$HC \equiv C - CH_3$	–10.6
$CH_2 = CH_2$	– 2.4
$HC \equiv CH$	+49.3
$FC \equiv CH$	+65.5
$H_3C - CHO$	+26.7
$Cl_3C - CHO$	+46.3
cis-$CHCl = CHCl$	+16.0
trans-$CHCl = CHCl$	± 0.8
Pyridin (C-2,H-3)	+ 3.1
(C-3,H-2)	+ 8.5
(C-3,H-4)	+ 0.8
(C-4,H-3)	+ 0.7
Furan (C-2,H-3)	+11.0
(C-3,H-2)	+13.8
(C-3,H-4)	+ 4.1
Monosubstituierte Benzole:	
alle $^2J_{CH}$ außer ^2J(C-1,H-2)	– 0.6 bis + 1.8
C_6H_5F (C-1,H-2)	– 4.9
$C_6H_5NO_2$ (C-1,H-2)	– 3.6
C_6H_5OH (C-1,H-2)	– 2.8
C_6H_6 (C-1,H-2)	+ 1.1
$C_6H_5Si(CH_3)_3$ (C-1, H-2)	+ 4.2

a) Koppelnde Kerne kursiv gesetzt oder in Klammern angegeben.

$^3J_{CH}$-*Kopplungen (vicinale Kopplungen).*

Kopplungskonstanten über drei Bindungen zwischen C und H haben immer positives Vorzeichen. In offenkettigen *gesättigten Verbindungen* erstreckt sich der Bereich vicinaler C,H-Kopplungen von etwa 0 bis 9 Hz. Ähnlich wie bei vicinalen H,H-Kopplungen findet man auch bei den $^3J_{CH}$-Werten eine Abhängigkeit von der Konformation des $C-C-C-H$-Fragmentes (*Karplus*-Beziehung) und von den Substituenten und deren relativer Anordnung. Für das Fragment $H_3C-C-C-H$ beträgt $^3J_{CH}^{anti}$ etwa 6−7 Hz und $^3J_{CH}^{gauche}$ etwa 2−3 Hz. Ist der koppelnde Kohlenstoff ungesättigt, findet man einen etwas größeren $^3J_{CH}^{anti}$-Wert, z.B. 9 Hz in $N\equiv C-C-C-H$. Die *gauche*- und *anti*-$^3J_{CH}$-Kopplungen in Cyclohexan betragen 2.1 bzw. 8.1 Hz. Ausführliche Untersuchungen existieren für *Olefine* mit dem Fragment $C-C=C-H$; hier sind die *trans*- deutlich größer als die *cis*-Kopplungen. Zwischen den $C-C=C-H$ und den analogen $H-C=C-H$-Kopplungen existiert die empirisch gefundene Beziehung [4-3].

$$^3J_{CH} = 0.6 \cdot {}^3J_{HH} \qquad [4\text{-}3]$$

Die vicinale C,H-Kopplung in *Benzol* beträgt 7.6 Hz; sie steigt, wenn das koppelnde Kohlenstoffatom einen elektronegativen Substituenten trägt, und wird kleiner, wenn sich ein elektronegativer Substituent an dem C-Atom befindet, das zwischen den koppelnden Kernen liegt. In *Heteroaromaten* kann $^3J_{CH}$ deutlich größere Werte als in Benzol annehmen. In annellierten Aromaten treten neben den *transoiden* auch *cisoide* vicinale Kopplungen auf. Letztere sind deutlich kleiner als erstere. Einige charakteristische $^3J_{CH}$-Werte (in Hz) finden sich im obenstehenden Formelschema, in dem der koppelnde Kohlenstoff jeweils gekennzeichnet ist. C,H-Kopplungen über mehr als drei Bindungen sind praktisch nur in konjugierten Systemen bekannt. Die Kopplungen über vier Bindungen variieren z.B. in Benzolderivaten zwischen -0.7 und -1.9 Hz.

Übung 4-3.
Abb. 4-3 zeigt das ^{1}H-rauschentkoppelte und das ^{1}H-gekoppelte ^{13}C-Spektrum von 1,8-Dibromnaphthalin (in CDCl₃). Benutzen Sie die angegebenen C,H-Kopplungen zur Signalzuordnung. (Die kleinen Aufspaltungen von etwa 1 Hz in den Resonanzen des am stärksten entschirmten C-Atoms sind Effekte zweiter Ordnung und sollen vernachlässigt werden).

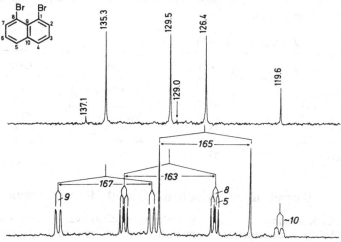

Abb. 4-3. ^{1}H-rauschentkoppeltes (oben) und ^{1}H-gekoppeltes ^{13}C-Spektrum (unten) von 1,8-Dibromnaphthalin in CDCl₃.

4.2. Kopplungen zwischen ^{13}C und ^{13}C

^{13}C,^{13}C-Kopplungskonstanten sind wegen der geringen natürlichen Häufigkeit des ^{13}C-Isotops nur in Ausnahmefällen zu beobachten. Da die Wahrscheinlichkeit, innerhalb eines Moleküls zwei ^{13}C-Kerne an vorgegebenen Positionen anzutreffen, nur $0.011^2 = 0.01\%$ beträgt, sind $^{13}C,^{13}C$-Kopplungen nur in Spektren mit außerordentlich gutem Signal/Rausch-Verhältnis sichtbar. Sie erscheinen als kleine Satelliten derjenigen Signale, die zu den Molekülen mit nur einem ^{13}C-Isotop gehören. Außerdem sind meist nur größere $^{13}C,^{13}C$-Kopplungen (d. h. solche über eine Bindung) zu beobachten, da Dubletts mit kleinen Aufspaltungen unter den großen Hauptsignalen der nur einen ^{13}C-Kern enthaltenden Moleküle verborgen sind. Große Bedeutung haben $^{13}C,^{13}C$-Kopplungen bei der Aufklärung von Biosynthesewegen, bei der man Mikroorganismen ^{13}C-angereicherte Ausgangsmaterialien, z.B. ^{13}C-markiertes Natriumacetat, zur Verfügung stellt. Aus dem $^{13}C,^{13}C$-Kopplungsmuster in den daraus erhaltenen Produkten läßt sich dann die Verknüpfung der Einzelbausteine erkennen. $^{1}J_{CC}$-Kopplungen hängen vom Hybridisierungsgrad der beiden beteiligten Kohlenstoffatome, von der Bindungsordnung zwischen diesen Atomen und von Substituenteneinflüssen ab. Einige $^{1}J_{CC}$-Werte sind in Tab. 4-6 enthalten.

Tab. 4-6. $^{1}J_{CC}$-Kopplungskonstanten

Verbindung	$^{1}J_{CC}$ [Hz]	Verbindung	$^{1}J_{CC}$ [Hz]
Cyclopropan	ca. 10	Naphthalin (J_{12})	60.3
H_3C-CH_3	34.6	Naphthalin (J_{19})	55.9
$H_3C-C_6H_5$	44.2	$H_5C_6-C\equiv N$	80
$H_3C-C\equiv N$	56.5	$H_2C=CH_2$	67.6
$H_3C-C\equiv CH$	67.4	$HC\equiv CH$	171.5
C_6H_6	57.0		

4.3. Kopplungen zwischen ^{13}C und Heterokernen

Da Kopplungen zwischen ^{13}C und magnetisch aktiven Heterokernen X bei der Protonenentkopplung nicht eliminiert werden, sind sie auch unter normalen Aufnahmebedingungen, d. h. bei ^{1}H-Rauschentkopplung, als Aufspaltungen sichtbar. Im allgemeinen sind C,X-Kopplungen umso größer, je höher die Kernladungszahl von X ist. Entsprechend gibt es sehr große Kopplungen zwischen ^{13}C und Metallatomen, die bis zu 10000 Hz betragen können. Besonders in der metallorganischen Chemie sind diese J_{CX}-Werte von großem Interesse. Im Rahmen dieses Buches wollen wir uns aber auf J_{FC}- und J_{PC}-Kopplungen beschränken, die relativ häufig vorkommen.

4.3.1. Kopplungen zwischen ^{13}C und ^{19}F

$^1J_{FC}$-Kopplungskonstanten besitzen negatives Vorzeichen. Ihre Größe hängt wie die der $^1J_{CH}$- und $^1J_{CC}$-Kopplungen von der Hybridisierung des Kohlenstoffatoms ab. Der Absolutwert der Kopplung wächst mit zunehmendem s-Charakter des Kohlenstofforbitals, das an der C-F-Bindung beteiligt ist. Zusätzliche elektronegative Substituenten am koppelnden Kohlenstoffatom bewirken ebenfalls eine Zunahme von $^1J_{FC}$, wie die Reihen CH_3F, CH_2F_2, CHF_3, CF_4 und FCH_2COOH, $F_2CHCOOH$, F_3CCOOH (Tab. 4-7) zeigen.

In Alkylfluoriden lassen sich neben $^1J_{FC}$ nur $^2J_{FC}$- und $^3J_{FC}$-Kopplungen messen, während in konjugierten Systemen auch $^4J_{FC}$ und $^5J_{FC}$ deutlich von Null verschieden sind.

Tab. 4-7. $^1J_{FC}$-Kopplungen in Fluormethanen und Fluoressigsäuren

Verbindung	$^1J_{FC}$ [Hz]	Verbindung	$^1J_{FC}$ [Hz]
CH_3F	158	FCH_2COOH	181
CH_2F_2	235	$F_2CHCOOH$	254
CHF_3	274	F_3CCOOH[a]	283
CF_4	259		

a) $^2J_{FC}$ = 44 Hz.

Das Formelschema gibt einige $^1J_{FC}$-Daten und weiterreichende F,C-Kopplungen in ausgewählten Verbindungen wieder (alle Angaben in Hz).

85

Übung 4-4.

Das ^{1}H-rauschentkoppelte ^{13}C-Spektrum von 1-Fluor-3-methylbenzol in Abb. 4-4 soll anhand der chemischen Verschiebung und J_{FC}-Werte zugeordnet werden.

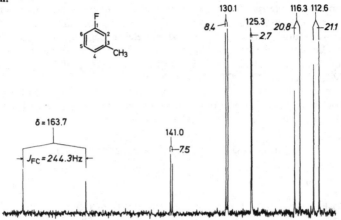

Abb. 4-4. Aromatenbereich des ^{1}H-rauschentkoppelten ^{13}C-Spektrums von 1-Fluor-3-methylbenzol (80 Vol-%) in d_6-Aceton. Angegeben sind die chemischen Verschiebungen (steil) und die F,C-Kopplungen (kursiv).

4.3.2. Kopplungen zwischen ^{13}C und ^{31}P

Die Größe von P,C-Kopplungen hängt nicht nur von den an P und C gebundenen Substituenten und der Hybridisierung des Kohlenstoffatoms ab, sondern wird auch stark von der Koordinationszahl des Phosphors beeinflußt. $^1J_{PC}$-Werte für tetrakoordinierten Phosphor liegen zwischen $+40$ und $+300$ Hz, während sie für dreifach gebundenen Phosphor sowohl positives als auch negatives Vorzeichen besitzen können und selten mehr als 40 Hz betragen. In Molekülen, die zwei Phosphoratome enthalten, welche miteinander gekoppelt sind, geben die Kohlenstoffatome zu Multipletts Anlaß, die nicht nach den Regeln erster Ordnung analysiert werden können, da sie X-Teile von ABX-Spektren sind. Die Vorzeichenkombination der beiden P,C-Kopplungen kann hier entscheidenden Einfluß auf das Aussehen der Spektren haben.

In gesättigten Systemen werden P,C-Kopplungen bis über maximal vier Bindungen beobachtet, während in konjugierten Molekülen noch weiterreichende Kopplungen auflösbar sind. Aus der Vielzahl beschriebener J_{PC}-Werte kann nur eine kleine Auswahl in den untenstehenden Formeln wiedergegeben werden. Die Zahlen bedeuten Kopplungskonstanten in Hz, und das Vorzeichen ist, wenn bekannt, mit angegeben.

$(n\,C_4H_9)_2P$ ⁻11 13 / 12 0

$(n\,C_4H_9)_3\overset{\oplus}{P}$ 48 15 / 4 0

$(EtO)_2P(O)$ +141 +16 0 / -5 1 0

(Aromatic) 11 24 / 33 $P(OEt)_2$

+184 / 1 $=$ $P(O)(O-i\,C_3H_7)_2$

$H_3C-C\equiv C-P(OEt)_2$ ⁻2 ⁻39 / ⁺4

$H_3C-C\equiv C-P(O)(OEt)_2$ +5 +300 / +53

$(C_6H_5)_2P$ ⁻13 ⁺20 ⁻7 0 3

$(C_6H_5)_2\overset{\oplus}{P}-CH_3$ 52 88 11 3 13

$(C_6H_5)_2P(O)$ 104 10 18 2

$(EtO)_2P-O$ 11 5

$(EtO)_2P(O)-O$ ⁻6 ⁻7

$O-P(OC_6H_5)_2$ 3 7 0 1

$O-P(O)(OC_6H_5)_2$ 7 5 1 2

+137 CH_2 $P(O)(OEt)_2$ ⁻9 ⁺7 ⁻3 ⁺4

Zur Ableitung der Konformation phosphorhaltiger Moleküle sind oft die vicinalen P,C-Kopplungen von Nutzen, da sie vom Diederwinkel abhängen. $^3J_{PC}^{anti}$-Kopplungen sind sehr viel größer als $^3J_{PC}^{gauche}$-Werte. Für einen Diederwinkel von 90° ist $^3J_{PC}$ gleich Null. Analog verhalten sich $^3J_{HH}$ und die schon besprochenen $^3J_{CH}$-Kopplungen. Die Diederwinkelabhängigkeit von $^3J_{PC}$ wird deutlich am Beispiel des 2-Norbornylphosphonats, das drei verschiedene vicinale P,C-Kopplungen aufweist.

0 Hz (ϕ = 90°)
2 Hz (ϕ = 120°)
$P(OMe)_2$
‖
O
18 Hz (ϕ = 180°)

5. Signalzuordnungs-Techniken in der ^{13}C-NMR-Spektroskopie

Die vollständige oder teilweise spezifische Zuordnung von ^{13}C-Resonanzen zu den jeweiligen Kohlenstoffatomen eines Moleküls ist eine wesentliche Voraussetzung für den stichhaltigen Strukturbeweis der Verbindung. Auch bei der spektroskopischen Untersuchung bekannter Moleküle ist häufig eine komplette Signalzuordnung erwünscht, z. B. wenn der Einfluß von Substituenten auf die chemischen Verschiebungen eines Kohlenstoffgerüstes abgeleitet werden soll. Außer in trivialen Fällen ist eine Zuordnung der Resonanzen nicht allein aufgrund eines ^{1}H-rauschentkoppelten ^{13}C-Spektrums möglich. Man muß vielmehr mit einer Reihe spezieller Techniken versuchen, zusätzliche Informationen zu erhalten, die eine zweifelsfreie Unterscheidung der Resonanzen erlauben.

5.1. Interpretation von chemischen Verschiebungen und Kopplungskonstanten

Als Zuordnungshilfen können natürlich alle Informationen über chemische Verschiebungen und Kopplungskonstanten benutzt werden, die in den beiden vorangegangenen Kapiteln besprochen worden sind. In der Praxis bewährt sich oft der Vergleich mit chemischen Verschiebungen von Verbindungen, die Partialstrukturen enthalten, die auch in der zu untersuchenden Substanz vorhanden sind. Auch das auf den C,H-Kopplungen über eine und mehrere Bindungen beruhende Aufspaltungsmuster, das in den ^{1}H-gekoppelten Spektren auftritt, kann sehr hilfreich sein. Diese uns bereits bekannten Aspekte sollen hier nicht erneut diskutiert werden.

5.2. Doppelresonanz-Methoden

5.2.1. Monochromatische Off-Resonance-Entkopplung

Das Prinzip der Off-Resonance-Entkopplung (single frequency off-resonance decoupling, SFORD), bei der die Probe einer RF-Strahlung definierter Frequenz, die außerhalb des Protonen-Absorptionsbereichs liegt, ausgesetzt wird, ist uns schon aus Kap. 1 bekannt. Mit Hilfe dieser Technik werden die Signalaufspaltungen durch C,H-

Kopplungen nicht vollständig ausgelöscht, sondern nur soweit verkleinert, daß Fernkopplungen verschwinden und nur noch reduzierte $^1J_{CH}$-Aufspaltungen J_r übrigbleiben. Aus den so erhaltenen Spektren kann die Anzahl der an ein C-Atom gebundenen Protonen und damit der Substitutionsgrad des Kohlenstoffs ermittelt werden. Beispiele hierfür finden sich in Abb. 1-10 und 4-2b. Bislang haben wir bei der Auswertung von SFORD-Spektren nur die Signalmultiplizitäten interpretiert. Aber auch die Größe der Restkopplungen J_r kann wichtige Informationen enthalten.

Die Größe der Restkopplung J_r ist proportional der ungestörten Kopplung $^1J_{CH}$ und umgekehrt proportional der Senderleistung A des Entkopplers. Außerdem ist J_r umso kleiner, je geringer die Differenz Δv zwischen der Entkopplerfrequenz v_E und der Resonanzfrequenz v_i eines Protons H_i ist, das an den betrachteten Kohlenstoff gebunden ist. Ist die Entkopplerfrequenz gleich der ^{1}H-Resonanzfrequenz, so ist J_r gleich Null und die ^{13}C-Resonanz wird vollständig entkoppelt. Bei großer Senderleistung gilt Gl. [5-1].

$$J_r = A^{-1} \cdot {}^1J_{CH} \cdot \Delta v \qquad [5-1]$$

Eine sehr nützliche Anwendung dieser Gleichung besteht darin, eine Serie von SFORD-Spektren mit verschiedenen Entkopplerfrequenzen v_E aufzunehmen und die J_r-Werte der einzelnen C-Atome gegen v_E aufzutragen. Für die ^{13}C-Resonanz jedes protonentragenden Kohlenstoffatoms erhält man dann zwei Geraden $J_r = f(v_E)$, eine für den Bereich $v_E < v_i$ und eine für $v_E > v_i$. Diese schneiden sich in dem Punkt, bei dem $v_E = v_i$ ist. Man hat also auf diese Weise die chemischen Verschiebungen der miteinander verbundenen ^{13}C- und ^{1}H-Kerne korreliert, d. h. man kann die ^{13}C-Resonanz zuordnen, wenn die Zuordnung der ^{1}H-Resonanz möglich ist, und umgekehrt. Die SFORD-Technik mit variierter Entkopplerfrequenz wird am Beispiel des Essigsäureethylesters in Abb. 5-1 näher erläutert. Der obere Teil der Abbildung zeigt drei SFORD-Spektren für Entkopplerfrequenzen, die δ_H-Werten von $+6.2$, -1.3 und -6.3 entsprechen. Im unteren Teil sind die J_r-Werte für die ^{13}C-Resonanzen A, B, C und die von TMS gegen δ_E^* aufgetragen. (Dort sind noch zusätzliche Meßwerte aufgenommen.) Das Geradenpaar für die ^{13}C-Resonanz A schneidet sich bei $\delta_E = 3.93$, dasjenige für B bei $\delta_E = 1.78$ und dasjenige für C bei $\delta_E = 1.07$. Da die ^{1}H-Verschiebungen zu $\delta_{CH_2} = 3.99$, $\delta_{CH_3\text{-}CO} = 1.83$ und $\delta_{CH_3} = 1.09$ bestimmt wurden, folgt aus der Meßreihe, daß die ^{13}C-Resonanz

---

* δ_E ist die in ppm-Einheiten umgerechnete Entkopplerfrequenz.

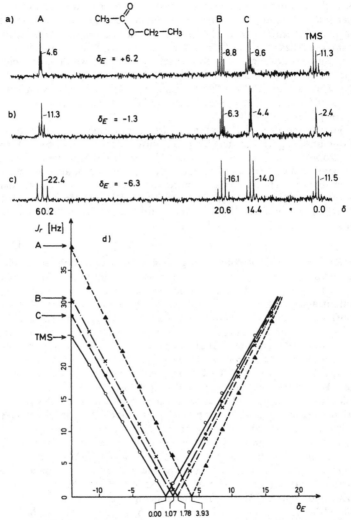

Abb. 5-1. $^{13}C\{^1H\}$-SFORD-Spektren von Essigsäure-ethylester (50 Vol-% in C_6D_6) mit variierter Entkopplerfrequenz; a) $\delta_E = +6.2$, b) $\delta_E = -1.3$, c) $\delta_E = -6.3$, d) J_r-Werte als Funktion der Entkopplerfrequenz.

A zum Methylen-C, B zum Acetyl-C und C zum Ester-Methyl-C gehört, wie es in diesem einfachen Fall auch aus den ^{13}C-Verschiebungen hätte abgeleitet werden können.

Nicht immer sind die Multipletts in SFORD-Spektren gut aufgelöste Dubletts, Tripletts oder Quartetts, wie man sie für Spektren erster Ordnung erwartet. Vielmehr trifft man oft komplexere Absorptionsmuster oder schlecht aufgelöste Signale an, z.B. wenn die an ein C-Atom gebundenen Protonen mit ihren Nachbarn stark gekoppelt sind. Wenn also für ein Fragment $H^A - C^1 - C^2 - H^B$ die Bedingung $\nu_A - \nu_B \succ J_{AB}$ nicht erfüllt ist, dann ergeben sowohl C^1 als auch C^2 im SFORD-Spektrum komplizierte Aufspaltungsmuster. Das gilt auch dann, wenn $\nu_A = \nu_B$ ist, z.B. im Fall einer $O - CH_2 - CH_2 - O$-Gruppierung, wie sie im 1,3-Dioxolan vorliegt (Abb. 5-2). Andererseits ergeben „isolierte" CH-, CH$_2$- oder CH$_3$-Gruppen saubere SFORD-Multipletts, vgl. die $O - CH_2 - O$-Gruppe in Abb. 5-2. Vorhandene oder fehlende Komplexität der Signale kann also wertvolle Hinweise für die Signalzuordnung geben.

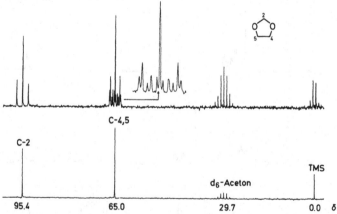

Abb. 5-2. ^{13}C{^{1}H}-SFORD-Spektrum von 1,3-Dioxolan (50 Vol-% in d$_6$-Aceton). Die Entkopplerfrequenz entspricht $\delta_H = -12.5$ ppm.

5.2.2. Selektive Entkopplung

Eine Korrelation zwischen ^{1}H- und ^{13}C-Verschiebungen kann neben der SFORD-Technik mit variierter Entkopplerfrequenz auch mit selektiver Protonenentkopplung getroffen werden. Hierbei wählt man die Frequenz des Entkopplers so, daß sie genau mit der Verschiebung des zu entkoppelnden Protons übereinstimmt, und reduziert die Einstrahlleistung, um nicht Protonen mit ähnlichen Verschiebungen gleichfalls zu entkoppeln. Dieses Verfahren empfiehlt sich dann, wenn die ^{1}H-Resonanzen eines Moleküls so nahe beieinander liegen, daß die SFORD-Technik keine eindeutigen Ergebnisse mehr liefern kann. Für die erfolgreiche Durchführung eines selektiven Entkopplungsexperiments muß zuerst die Entkopplerfrequenz bestimmt werden, die einzustellen ist, um das TMS-Signal vollständig zu entkoppeln. Dann ist die ^{1}H-Verschiebung hinzu zu addieren, die dem zu entkoppelnden Proton entspricht. Vor allem bei selektiver Entkopplung nahe beiein-

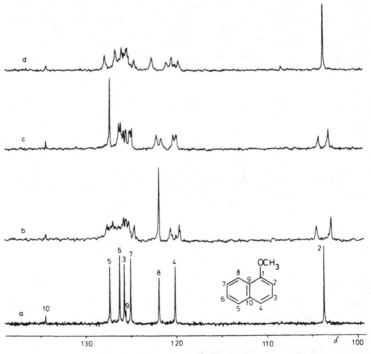

Abb. 5-3. Selektive ^{13}C{^{1}H}-Entkopplung am 1-Methoxynaphthalin; a) rauschentkoppeltes Spektrum, b) Einstrahlung bei $\delta_{8-H} = 8.27$, c) bei $\delta_{5-H} = 7.72$, d) bei $\delta_{2-H} = 6.66$. (Mit freundlicher Genehmigung des Verlag Chemie, Weinheim, aus *L. Ernst,* Chem. Ber. **108**, 2030 (1975)).

anderliegender ^{1}H-Resonanzen ist es erforderlich, die Messung des ^{1}H-Spektrums und das Entkopplungsexperiment an *derselben* Lösung durchzuführen, um Veränderungen der ^{1}H-Verschiebungen durch Konzentrationsdifferenzen zu vermeiden. Die Resultate von drei Experimenten an 1-Methoxynaphthalin, bei denen die Protonen an C-2, C-5 bzw. C-8 selektiv entkoppelt wurden, sind in Abb. 5-3 dargestellt.

Der Nachteil der selektiven Entkopplung liegt in ihrem hohen Zeitbedarf für große Moleküle, weil man zur Entkopplung jeder Protonensorte ein separates Experiment durchführen muß, während man im SFORD-Spektrum sämtliche Kerne gleichzeitig erfaßt und wenige Spektren genügen, um die Extrapolation der J_r = f(ν_E)-Geraden auf J_r = 0 zu gestatten.

5.2.3. Off-Resonance-Rauschentkopplung

Wählt man bei rauschmodulierter Protonenentkopplung eine Zentralfrequenz des Rauschbandes, die weit außerhalb des Protonenbereiches liegt (Größenordnung 20 ppm), so werden protonentragende C-Atome unvollständig entkoppelt und erscheinen als sehr breite verschmierte Signale. Die Entkopplerleistung, die die Protonen „trifft",

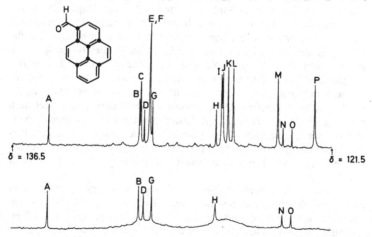

Abb. 5-4. ^{13}C{^{1}H}-rauschentkoppeltes (oben) und ^{13}C{^{1}H}-NORD-Spektrum (unten) des Aromatenbereiches von 1-Formylpyren (40 Gew.-% in CD$_2$Cl$_2$). Die quaternären Kohlenstoffe sind in der Formel markiert.

ist aber groß genug, um geminale und vicinale C,H-Kopplungen vollständig zu eliminieren. Das Resultat eines solchen „NORD"-Experiments (*Noise Off-Resonance Decoupling*) ist ein Spektrum, in dem nur die vollständig substituierten C-Atome scharfe Signale ergeben. Bei linienreichen Spektren und in Fällen, wo Signale quaternärer Kohlenstoffe von denen protonentragender überlagert sind, kann die NORD-Technik bei der Identifizierung quaternärer C-Atome sehr nützlich sein. Abb. 5-4 zeigt als Beispiel das vollständig ^{1}H-entkoppelte und das ^{13}C$\{^1$H$\}$-NORD-Spektrum der aromatischen Region von 1-Formylpyren.

5.3. Isotopenmarkierung

Markierung mit Deuterium.

In Molekülen, in denen Wasserstoffe durch Deuteriumatome ersetzt sind, lassen sich die Signale der an Deuterium gebundenen Kohlenstoffatome — bisweilen auch solche, die zwei oder drei Bindungen entfernt sind — durch Vergleich mit dem ^{13}C-Spektrum der undeuterierten Verbindung gut identifizieren. Vollständig deuterierte C-Atome erfahren bei der ^{1}H-Entkopplung keinen NOE (vgl. Kap. 1-4), haben lange Relaxationszeiten, und ihre Signale sind durch C,D-Kopplungen aufgespalten. Meist ist die Signalintensität deshalb so gering, daß die Absorptionen im Rauschen untergehen. Beim Vergleich der Spektren von ^{1}H- und ^{2}H-haltigen Verbindungen zeichnen sich deshalb in letzteren die Signale der deuteriumtragenden Kohlenstoffe durch Abwesenheit aus und können so leicht zugeordnet werden. Gelingt es dennoch, das Signal eines deuterierten C-Atoms zu beobachten, so findet man eine sog. *Isotopenverschiebung:* deuteriumtragende C-Atome sind etwas stärker abgeschirmt als protonentragende. Die Isotopenverschiebung liegt bei etwa -0.25 ppm pro Deuteron. Auch Isotopenverschiebungen über zwei Bindungen sind noch meßbar. Sie betragen etwa -0.1 ppm.

In aliphatischen Verbindungen macht sich Anwesenheit von Deuterium auch durch J_{CD}-Kopplungen über zwei und drei Bindungen bemerkbar, die allerdings wegen $J_{CD} \approx \frac{1}{6} J_{CH}$ (gyromagnetisches Verhältnis!) nicht aufgelöst sind, und deshalb nur Signalverbreiterungen und folglich eine Verringerung der Signalintensitäten mit sich bringen. In carbocyclischen Aromaten, wo $^2J_{CH}$ und damit auch $^2J_{CD}$ sehr klein ist, kann man höchstens eine Verbreiterung der Signale von zum Deuterium vicinalen C-Atomen feststellen. In Abb. 5-5 sind die ^{13}C-Spektren eines Cyclohexanon-spiroketals und eines analogen tetradeuterierten Moleküls gegenübergestellt. Bei der Tetradeutero-Verbindung fehlt das Signal von C-7 und C-11. Außerdem ist die Resonanz von C-6 gegenüber der unmarkierten Substanz leicht abgeschirmt und von stark verringerter Intensität. Dies gilt ebenso für die Signale von C-8,10 und von C-9. Bei letzteren ist deutlich die Verbreiterung durch unaufgelöste C,D-Kopplungen zu erkennen. Daß das drei Bindungen von den Deuteronen entfernte C-9 noch eine relativ große Isotopenverschiebung zeigt, liegt an der Anwesenheit von vier D-Atomen, deren Einfluß sich addiert.

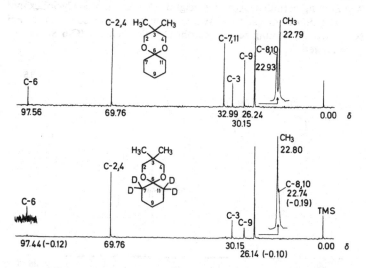

Abb. 5-5. ^{13}C-Spektrum eines Cyclohexanon-spiroketals (oben) und eines tetradeuterierten Derivates (unten), jeweils 33 Vol-% in C_6D_6*.

Natürlich ist diese Art der Signalzuordnung ein Sonderfall, weil nur selten derart spezifisch deuterierte Verbindungen zur Verfügung stehen. Aber bei Molekülen mit leicht austauschbaren Protonen (OH, NH, SH usw.) kann man sich die Isotopenverschiebungen über zwei

* Für die Überlassung der beiden Verbindungen sei Herrn Dr. *N. Schröder* gedankt.

Bindungen zunutze machen, wenn man die Substanz in d_6-Dimethylsulfoxid löst (um die Geschwindigkeit des intermolekularen Protonenaustausches zu verringern) und der Lösung die Hälfte der äquivalenten Menge D_2O zufügt. Dann liegen bei einem Alkohol 50 % der Moleküle als ROH und 50 % als ROD vor. Die Verschiebungsdifferenz der C-Atome neben der OH bzw. neben der OD-Funktion ist groß genug, daß man zwei getrennte Signale sieht. Es muß dabei auf genügend gute Homogenität des Magnetfeldes und ausreichende digitale Auflösung des Spektrums geachtet werden. Man könnte die OH-und die OD-Verbindungen auch separat vermessen, aber die Verschiebungsdifferenz ist genauer bestimmbar, wenn sich beide Molekülarten in derselben Lösung befinden. Abb. 5-6 zeigt das Spektrum von Cyclohexanol in d_6-DMSO in Gegenwart etwa eines halben Äquivalents D_2O. Bei sehr guter Auflösung zeigen sowohl C-1 als auch C-2/C-6 Signalverdopplungen.

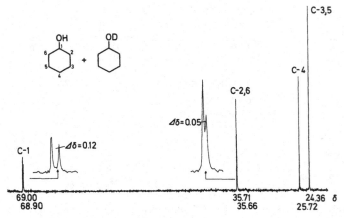

Abb. 5-6. ^{13}C-NMR-Spektrum eines Gemisches von Cyclohexanol und Cyclohexan-D-ol in d_6-DMSO (50 Vol-%), erhalten durch Zugabe eines Unterschusses an D_2O zur d_6-DMSO-Lösung von Cyclohexanol.

^{12}C- und ^{13}C-Markierungen.

Kommerziell sind Verbindungen erhältlich, in denen durch Isotopenanreicherung fast nur noch ^{12}C-Kerne vorhanden sind, und ebenfalls solche, in denen der ^{13}C-Gehalt bis zu 90 mal höher als normal ist.

96

Benutzt man diese Verbindungen als Ausgangsmaterialien für chemische oder Biosynthesen und weiß man, wie sie in die Produkte eingebaut werden, so kann man durch die Abwesenheit der entsprechenden Signale (im Falle von ^{12}C-Einbau) bzw. durch die erhöhten Intensitäten und evtl. ^{13}C,^{13}C-Kopplungen (im Falle von ^{13}C-Einbau) die Resonanzen der betreffenden Kohlenstoffatome zuordnen.

5.4. Anwendung paramagnetischer Verschiebungsreagenzien

Ähnlich wie in der ^{1}H- finden auch in der ^{13}C-NMR-Spektroskopie Verschiebungsreagenzien (*l*anthanide *s*hift *r*eagents, LSR) Anwendung bei Signalzuordnungen. Bei den LSR handelt es sich um Chelat-Komplexe von paramagnetischen Lanthanid-Ionen, vor allem von Europium, Praseodym oder Ytterbium, die mit polaren funktionellen Gruppen (OH, NH, C = O, COOR etc.) des zu untersuchenden Substrats koordinieren können. Dabei induzieren sie an den ^{13}C-Kernen in der Nachbarschaft zur funktionellen Gruppe Verschiebungsänderungen, die umso größer sind, je geringer der Abstand des jeweiligen ^{13}C-Kerns zum koordinierten Lanthanid-Ion ist*. Man kann also aus den durch Zugabe des LSR induzierten Verschiebungen auf die Position der betrachteten C-Atome im Molekül schließen. Um festzustellen, ob sich Signale bei der LSR-Zugabe gegenseitig „überholen", ist anzuraten, das LSR in kleinen Anteilen nach und nach zuzufügen und nach jeder Zugabe die erfolgte Verschiebungsänderung zu registrieren.

In manchen Fällen ist es auch von Vorteil, ein LSR bei der selektiven ^{13}C{^{1}H}-Entkopplung einzusetzen, weil man das Protonenspektrum dadurch „auseinanderziehen" und so bessere Selektivität bei der Einstrahlung erreichen kann. Ein Beispiel für die Anwendung eines LSR in der ^{13}C-NMR-Spektroskopie findet sich in Abb. 5-7.

---

* Diese vereinfachte Darstellung gilt nicht für Substrate, in denen die funktionelle Gruppe in Konjugation zu einem ungesättigten System steht.

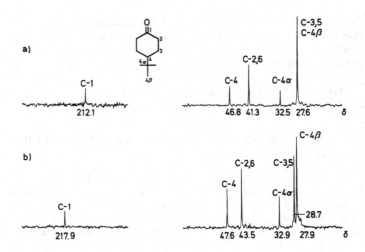

Abb. 5-7. ^{13}C-Spektrum von a) 200 mg 4-*tert*-Butylcyclohexanon in 1.5 ml CDCl$_3$ und b) von derselben Lösung nach Zugabe von ca. 100 mg Yb(FOD)$_3$. Zur Struktur von Yb(FOD)$_3$ s. die obenstehende Formel.

5.5. Spin-Gitter-Relaxation

Bisweilen werden die Spin-Gitter-Relaxationszeiten T_1 von ^{13}C-Kernen zur Signalzuordnung herangezogen. Wir wollen diesen Aspekt nur kurz streifen und uns auf wenige Anwendungen beschränken. Aus Kap. 2 ist bereits bekannt, daß der Magnetisierungsvektor nach der Einwirkung eines RF-Impulses auf ein Spinsystem eine gewisse Zeit benötigt, um die Gleichgewichtseinstellung wieder zu erreichen. Das Gesetz, das die Rückkehr zum Gleichgewicht beschreibt, lautet

$$\frac{dM_z}{dt} = -\frac{M_0 - M_z}{T_1} \qquad [5\text{-}2]$$

(M_z = momentane Magnetisierung in z-Richtung, M_0 = Gleichgewichtsmagnetisierung in z-Richtung). Die Gleichung besagt, daß die Änderung von M_z mit der Zeit nach Ende des Impulses proportional der momentan existierenden Abweichung vom Gleichgewichtszustand ist. Gl. [5-2] ist völlig analog der aus der Reaktionskinetik bekannten Gleichung zur Beschreibung von Reaktionen erster Ordnung. Die Geschwindigkeitskonstante („Relaxationsrate") in Gl. [5-2] ist $\frac{1}{T_1}$, der

Reziprokwert der Spin-Gitter-Relaxationszeit. Integration von Gl. [5-2] ergibt

$$M_0 - M_z = Ce^{-t/T_1} \qquad [5\text{-}3]$$

Die Konstante C hängt von den Anfangsbedingungen zur Zeit $t = 0$ ab (s. unten).

Eine Methode zur Messung von T_1-Werten ist die sog. *Inversions-Erholungs-* (engl. *inversion-recovery*) Technik. Hierbei stört man die Gleichgewichtsmagnetisierung durch einen Impuls der Dauer PW_{180} derart, daß ihr Vektor um 180°, d. h. in $-z$-Richtung, gedreht wird. Die ursprüngliche Besetzung der Energieniveaus wird gerade umgekehrt: $M_z(0) = -M_0$. Appliziert man unmittelbar danach einen 90°-(Beobachtungs-)Impuls der Dauer $PW_{90} = \frac{1}{2}PW_{180}$, so erhält man nach Fourier-Transformation des FID ein Spektrum, in dem alle Resonanzen negative Amplituden haben, also unterhalb der Grundlinie liegen. Läßt man hingegen zwischen dem 180°- und dem 90°-Impuls eine gewisse Zeit t verstreichen, so relaxiert die Magnetisierung inzwischen teilweise in Richtung auf ihre Gleichgewichtslage, und je nach Dauer von t können Signale mit negativer, verschwindender oder positiver Amplitude erhalten werden. Um Spektren mit ausreichendem Signal/Rausch-Verhältnis zu erhalten, muß man i. allg. akkumulieren, d. h. den $180° - t - 90°$-Zyklus vielfach wiederholen. Dabei ist es erforderlich, zwischen den einzelnen Zyklen so lange zu warten, bis die Gleichgewichtsmagnetisierung praktisch vollständig wieder hergestellt ist. Aus Gl. [5-3] ergibt sich, daß dies nach $t = 5\,T_1$ der Fall ist, da dann die noch vorhandene Abweichung vom Gleichgewicht nur noch $e^{-5} \approx 0.7\%$ beträgt. Schematisch läßt sich die gesamte Impulsfolge also mit

$$(PW_{180} - t - PW_{90} - 5\,T_1)_n$$

beschreiben.

Da bei der Inversions-Erholungs-Methode M_z zur Zeit $t = 0$ gleich $-M_0$ ist, ergibt sich für die Konstante C in Gl. [5-3] der Wert $2M_0$, so daß Gl. [5-3] übergeht in

$$\frac{M_0 - M_z}{2M_0} = e^{-t/T_1} \qquad [5\text{-}4]$$

Gl. [5-4] läßt sich überführen in

$$\ln(M_0 - M_z) = -\frac{1}{T_1}\,t + \ln(2M_0) \qquad [5\text{-}5]$$

Mißt man also die Signalamplituden für verschiedene Wartezeiten t zwischen den 180°- und 90°-Impulsen und trägt $\ln(M_0 - M_z)$ gegen t auf, so erhält man eine Gerade, deren Steigung $-\frac{1}{T_1}$ beträgt. Zur Herausmittelung von Meßfehlern bestimmt man die Steigung am besten durch lineare Regression („Methode der kleinsten Quadrate"), was sich einfach mit einem programmierbaren Taschenrechner erledigen läßt. Das erforderliche Rechenprogramm findet sich meist im mitgelieferten Handbuch.

Alternativ kann man auch diejenige Wartezeit t_0 bestimmen, bei der die Intensität des teilrelaxierten Signals gerade gleich Null ist, die Resonanz also aus dem Bereich negativer in den Bereich positiver Amplituden übergeht. Setzt man in Gl. [5-5] $M_z = 0$ und $t = t_0$, so folgt

$$T_1 = t_0/\ln 2 = t_0/0.69 \qquad [5\text{-}6]$$

Da sich die Bestimmung von T_1 nach Gl. [5-6] nur auf einen einzigen Meßwert verläßt, ist natürlich keine Aussage über die Größe des Meßfehlers möglich. Die Methode reicht aber für qualitative Anwendungen aus. In Abb. 5-8 ist das Ergebnis einiger Inversion-Recovery-Messungen an *tert*-Butylbenzol dargestellt. Das Intervall t zwischen den 180°- und 90°-Impulsen in Abb. 5-8a ist so kurz, daß sämtliche Signale noch negative Intensitäten aufweisen. In Abb. 5-8b entspricht

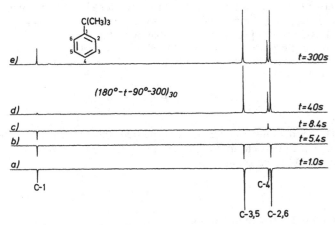

Abb. 5-8. ^{13}C-NMR-Spektren der aromatischen Kohlenstoffe von *tert*-Butylbenzol (80 Vol-% in d_6-Aceton). Inversion-Recovery-Messungen mit den Impulsintervallen t = 1.0s (a), 5.4s (b), 8.4s (c), 40.0s (d) und 300s (e).

t dem t_0-Wert für C-4, so daß dessen Signal verschwindet. In Abb. 5-8c gilt ungefähr $t = t_0(C-2,6) = t_0(C-3,5)$ und in Abb. 5-8d $t = t_0$ (C-1). Das Intervall in Abb. 5-8e ist so lang, daß alle Kerne vollständig relaxiert sind.

Die Spin-Gitter-Relaxation von ^{13}C-Kernen, d.h. die Abgabe ihrer durch den RF-Impuls erhaltenen Energie, erfolgt in den meisten interessierenden organischen Molekülen durch *Dipol-Dipol-Wechselwirkung* zwischen den ^{13}C-Kernen und den in der Nähe befindlichen Protonen („*DD-Mechanismus*"). Andere Relaxationsmechanismen wollen wir hier nicht besprechen, und die folgende Diskussion gilt nur für den Fall, daß die ^{13}C-Kerne ausschließlich nach dem DD-Mechanismus relaxieren. Experimentell läßt sich leicht prüfen, ob diese Voraussetzung erfüllt ist. Man bestimmt dazu die Signalintensität für einen interessierenden ^{13}C-Kern mit und ohne Entkopplung bei sonst gleichen Meßbedingungen. Der Ausdruck

$$\eta = \frac{\text{Intensität bei } {}^1\text{H-Entkopplung}}{\text{Intensität ohne } {}^1\text{H-Entkopplung}} - 1$$

definiert den *Kern-Overhauser-Effekt (NOE)*. Hat dieser seinen theoretischen Maximalwert von 2.0, so relaxiert der ^{13}C-Kern ausschließlich nach dem DD-Mechanismus. Ist $\eta < 2.0$, so trifft dies nicht zu*. Bei den für ^{13}C-NMR-Messungen üblichen Magnetfeldstärken von 15 bis 70 Kilogauß gilt für die Dipol-Dipol-Relaxationsrate der ^{13}C-Kerne in kleinen bis mittelgroßen Molekülen (nicht aber für Polymere) die folgende Gleichung:

$$\frac{1}{T_1^{DD}} = \hbar^2 \gamma_C^2 \gamma_H^2 \Sigma r_{CH}^{-6} \tau_c \qquad [5\text{-}7]$$

Von den in Gl. [5-7] eingehenden Größen wurden $\hbar$, γ_C und γ_H schon in Kap. 1 definiert. r_{CH} sind die Abstände zwischen dem betrachteten Kohlenstoffatom und benachbarten Wasserstoffen. τ_c ist die *Korrelationszeit der molekularen Reorientierung,* ein Maß für die Beweglichkeit des Moleküls in der Lösung (Größenordnung: 10^{-12} bis 10^{-10}s). Größere τ_c-Werte bedeuten langsamere, kleinere τ_c-Werte

---

* Eleganter ist die Aufnahme von NOE-freien Spektren durch Umkehrung der „gated decoupling"-Technik (vgl. Abb. 4-1). Hierbei führt man zwischen den Aquisitionszeiten *AT,* Wartezeiten *PD* der Größe *5T*$_1$ ein und schaltet den Entkoppler während *AT* ein und während *PD* aus. Das Ergebnis ist ein NOE-freies entkoppeltes Spektrum, das übersichtlicher ist als ein normales unentkoppeltes Spektrum.

schnellere Bewegung. Gl. [5-7] gilt nur dann für alle C-Atome in einem Molekül, wenn sich dieses *isotrop,* d. h. ohne Vorzugsrichtung, bewegt, was streng genommen nur für starre, kugelförmige Moleküle wie Adamantan gilt, aber auch sonst oft als gute Näherung angenommen werden kann.

Wegen der r_{CH}^{-6}-Abhängigkeit der Relaxationsgeschwindigkeit tragen bei nichtquaternären C-Atomen praktisch nur die direkt gebundenen Protonen zur Relaxation bei. Da außerdem die C−H-Bindungslängen einen fast konstanten Wert (ca. 1.09 Å) haben, läßt sich Gl. [5-7] für *protonentragende C-Atome* vereinfachen zu:

$$\frac{1}{T_1^{DD}} \sim N \cdot \tau_c \, , \qquad\qquad [5\text{-}8]$$

wobei N die Zahl der gebundenen Protonen ist. Das bedeutet, daß bei isotroper Reorientierung CH_2-Kohlenstoffe doppelt so schnell relaxieren, also halb so große T_1-Werte haben sollten wie CH-Kohlenstoffe. Dies trifft z. B. im Adamantan zu, $T_1(CH_2) = 11-13\,s$ und $T_1(CH) = 20-25\,s$, oder auch bei den Gerüstkohlenstoffen von Steroiden, $T_1(CH_2) \approx 0.25\,s$, $T_1(CH) \approx 0.5\,s$. Man kann also in diesen und ähnlichen Fällen die T_1-Werte als Zuordnungshilfe heranziehen, was vor allem dann nützlich ist, wenn Signale so dicht beieinanderliegen, daß die SFORD-Spektren zu kompliziert zur Auswertung sind. Man könnte nun vielleicht erwarten, daß Methylkohlenstoffe wegen ihrer drei gebundenen Protonen dreimal so schnell relaxieren wie Methin-C-Atome. Das trifft aber nicht zu. Wegen der raschen Rotation von Methylgruppen haben deren Kohlenstoffatome nämlich kürzere effektive Korrelationszeiten und relaxieren deshalb meist langsamer als CH_2-oder CH-Kohlenstoffe. *Quaternäre C-Atome* werden viel weniger effektiv relaxiert als protonentragende, weil die nächsten Protonen mindestens zwei Bindungen entfernt sind und Σr_{CH}^{-6} in Gl. [5-7] entsprechend klein wird. Da auf quaternäre Kohlenstoffe die Standard-Zuordnungsmethoden SFORD und selektive Protonenentkopplung nicht anwendbar sind, bieten T_1-Messungen bisweilen einen Ausweg, nämlich dann, wenn sich die in einem Molekül vorhandenen quaternären C-Atome durch Anzahl und Abstand in der Nähe befindlicher Protonen unterscheiden. So relaxiert im 1-Iodnaphthalin C-9 mit nur einem geminalen Proton langsamer als C-10, das zwei geminale Protonen besitzt.

T_1 (C-9) *ca.* 36s
T_1 (C-10) *ca.* 24s

Flexible Seitenketten in größeren Molekülen haben kürzere effektive Korrelationszeiten als das zentrale Gerüst. Deshalb relaxieren die Seitenketten-C-Atome langsamer als gleich stark substituierte C-Atome im starren Molekül, was ebenfalls zur Signalzuordnung ausgenutzt werden kann. Ein Beispiel bieten die Methylengruppen im Cholesterylchlorid (T_1-Werte in s).

(✕ nicht bestimmt)

Schließlich sei noch auf die Möglichkeit *anisotroper Molekülbewegung* in starren Molekülen hingewiesen. Hierbei geben die Moleküle aufgrund ihrer Geometrie der Rotation um eine bestimmte Achse den Vorzug gegenüber den Rotationen um andere mögliche Achsen. Beispielsweise ist in monosubstituierten Benzolen eine Rotation um die Längsachse, die durch C-1 und C-4 verläuft, energetisch günstiger als Rotation um die Achsen C-2/C-5 oder C-3/C-6.

Die Theorie besagt, daß C-Atome, deren C – H-Bindung auf einer solchen bevorzugten Rotationsachse liegen, schneller relaxieren als solche C-Atome, für die dies nicht zutrifft. In Molekülen vom Typ C_6H_5X hat C-*para* also kürzere T_1-Werte als C-*ortho* oder C-*meta*. Für das *tert*-Butylbenzol ist dies aus Abb. 5-8 ersichtlich. In 1,2-disubstituierten Benzolen sind analog die Relaxationszeiten für C-4 und C-5 kürzer als für C-3 und C-6, weil die Rotation des aromatischen Ringes bevorzugt um die Achsen C-1/C-4 und C-2/C-5 erfolgt. Dies machen die T_1-Werte in 1-Brom-2-iodbenzol deutlich.

103

6. Einige Beispiele zur Strukturaufklärung

6.1. Ein Hexahydro-oxo-thienopyridin

Bei der Umsetzung von 3-Methyl-thioglutarimid (**1**) mit einem Mol (Methoxycarbonylmethylen)triphenylphosphoran (**2**) entsteht in einer Wittig-analogen Reaktion das Produkt **3**. Die Reaktion von **3** mit einem weiteren Mol **2** ergibt neben der erwarteten Verbindung **4** (^{13}C-Verschiebungen an der Formel) ein Nebenprodukt **5**, dessen Struktur zu bestimmen ist. (Aus zu **3** analogen Verbindungen ist bekannt, daß der ^{13}C-Verschiebungsbereich für den Thioamid-Kohlenstoff $\delta = 200$ bis 210 beträgt.)

Die spektroskopischen Daten von **5** sind wie folgt:

Massenspektrum: $M^+ = 239$

^{1}*H-NMR* (CDCl$_3$): *a:* $\delta = 10.7$ (1 H, breit, mit D$_2$O austauschbar), *b:* 5.09 (1H, Dublett, $J = 1.5$ Hz), *c:* 3.74 (5 H, Singulett), *d:* 3.0 − 2.0 (3 H, Multiplett), *e:* 1.05 (3 H, Dublett). Eine Analyse des Multipletts *d* ergibt: $\delta_f = 2.94$, $\delta_g = 2.70$, $\delta_h = 2.30$, $J_{ef} = 6.8$, $J_{fg} = 6.1$, $J_{fh} = 2.9$ und $J_{gh} = 14.9$ Hz.

^{13}*C-NMR* (CDCl$_3$): *A:* $\delta = 193.7$(S), *B:* 169.4(S), *C:* 166.8(S), *D:* 152.0(S), *E:* 113.0(S), *F:* 94.1(D, $^1J_{CH} = 168.0$ Hz), *G:* 51.2(Q, $^1J_{CH} = 146.8$ Hz), *H:* 39.3(scharfes T, $^1J_{CH} = 144.6$ Hz), *I:* 35.3(T), *J:* 24.2(D), *K:* 18.8(Q).

Im ^{13}C-Spektrum haben die Signale für die quaternären C-Atome annähernd gleiche Intensitäten; dasselbe gilt für die Signale der protonentragenden Kohlenstoffe. Folglich besitzt das Molekül 11 C-Atome. Laut ^{1}H-Spektrum sind 13 Wasserstoffe vorhanden, davon laut ^{13}C-SFORD-Spektrum 12 an Kohlenstoff gebundene. Die ^{13}C-Signale G und C (oder B) zeigen, daß die Methylester-Gruppierung erhalten ist, es sind also mindestens 2 Sauerstoffe im Molekül. Das ^{1}H-Signal a spricht für ein NH-Proton, das eine Wasserstoffbrücke zur Ester-Carbonylgruppe bildet (daher die starke Entschirmung). Aus diesen Informationen läßt sich die Partialformel $C_{11}H_{13}NO_2$ (191) ableiten, so daß noch 48 Masseneinheiten (OS oder O_3) bis zur Molmasse von 239 übrigbleiben. Da 3 ein Schwefelatom enthält, das Reagens 2 aber nur 2 Sauerstoffe, ist die Summenformel $C_{11}H_{13}NO_3S$ eine bessere Arbeitshypothese als $C_{11}H_{13}NO_5$. Die Anzahl der Doppelbindungsäquivalente ($D.\ddot{A}.$) (= Summe der Doppelbindungen und Ringe) läßt sich für Moleküle der allgemeinen Formel $C_mH_nO_pS_qN_rHal_s$ mit Gl. [6-1] berechnen.

$$D.\ddot{A}. = \frac{2m + 2 - n + r - s}{2} \qquad [6\text{-}1]$$

Im vorliegenden Fall ist $m = 11$, $n = 13$, $r = 1$ und $s = 0$, so daß $D.\ddot{A}. = 6$.

Ein Vergleich der ^{13}C-Spektren von 5 und 4 sowie das ^{1}H-Spektrum zeigen, daß bei der Reaktion von 3 mit 2 die „rechte" Molekülhälfte unverändert geblieben ist. Wir können folgende ^{13}C- und ^{1}H-Signale ohne weiteres zuordnen:

Es verbleiben die ^{13}C-Signale A, B (oder C), E, H (entsprechend 3 quaternären C und 1 CH$_2$) und 2 Protonen des ^{1}H-Signals c. Das scharfe SFORD-Triplett für das ^{13}C-Signal H und die Singulettstruktur für das ^{1}H-Signal c sprechen für eine isolierte Methylengruppe. Das ^{13}C-Signal A paßt aufgrund von Multiplizität und Verschiebung gut für ein α,β-ungesättigtes Keton. Letzteres liefert 2 Doppelbindungen, das verbleibende $D.\ddot{A}.$ wird durch einen Ringschluß berücksichtigt. Die Struktur von 5 ist demnach:

105

5   6

Die vernünftigste Zuordnung der restlichen ^{13}C-Signale ist in der Formel angegeben. Die chemische Verschiebung von Signal A ließe sich evtl. auch mit einem Thiol-Lacton **6** erklären. Zwischen **5** und **6** läßt sich aber eindeutig anhand des $^1J_{CH}$-Wertes für die isolierte CH$_2$-Gruppe entscheiden (vgl. die Lösung von Übung 4-2).

Literatur: *A. Gossauer, F. Roeßler, H. Zilch* und *L. Ernst*, Liebigs Ann. Chem. **1979**, 1309.

6.2. 3'-Amino-3'-desoxy-adenosin-2'-thionphosphorsäure-2':3'-cycloamid

Die Reaktion von 3'-Amino-3'-desoxy-adenosin (**7**) mit PSCl$_3$ gibt das nicht isolierte Thiophosphorylchlorid **8**, das durch Base in einen cyclischen Thiophosphorsäureamid-ester überführt werden kann. Als mögliche Strukturen kommen **9** und **10** in Frage, je nachdem ob die Cyclisierung zur 2'- oder zur 5'-OH-Gruppe erfolgt*.

7   8   9

oder

10

---

* Wegen der asymmetrischen Substitution des Phosphoratoms entstehen in Wirklichkeit zwei Diastereomere des Produkts, die sehr ähnliche Spektren zeigen. Wir betrachten hier nur das überwiegende Diastereomere.

In **7** und im Produkt (**9** oder **10**) wurden folgende ^{13}C-NMR-Parameter gemessen [D$_2$O-Lösung, Standard: externes TMS (Kapillare)].

δ	7		δ	9 oder 10	J_{PC}[Hz]	
156.2	S	C-6	156.4	S	–	C-6
153.4	D	C-2	153.8	D	–	C-2
149.1	S	C-4	149.2	S	–	C-4
141.3	D	C-8	141.7	D	–	C-8
119.7	S	C-5	119.7	S	–	C-5
90.4	D	C-1'	90.2	D	4.8	C-1'
83.2	D	C-4'	87.8	D	3.0	C-4'
73.3	D	C-2'	84.7	D	0	C-2'
62.2	T	C-5'	62.4	T	0	C-5'
52.7	D	C-3'	58.8	D	3.7	C-3'

Für die Strukturaufklärung sind nur die chemischen Verschiebungen der Ribose-C-Atome C-1' bis C-5' interessant, da die δ-Werte der Adenin-Kohlenstoffe C-2,4,5,6 und 8 praktisch unverändert gegenüber **7** sind. Aufgrund der charakteristischen Verschiebungen und der SFORD-Multiplizitäten sind die Zuordnungen von C-3' und C-5' klar. C-1' kann durch selektive Entkopplung von 1'-H zugeordnet werden, da 1'-H weit von den anderen Zuckerprotonen entfernt absorbiert (δ 6.0 gegenüber δ = ca. 4 – 5). Diese Informationen genügen bereits, um zwischen **9** und **10** zu unterscheiden. Da C-1' eine Kopplung mit dem Phosphoratom von 4.8 Hz aufweist, kann nicht **10** vorliegen, da in **10** vier Bindungen zwischen P und C-1' liegen, $^4J_{PC}$ in gesättigten Verbindungen aber < 1 Hz ist (vgl. Kap. 4). In **9** ist $J_{P,C\text{-}1'}$, jedoch eine vicinale Kopplung. Gegen **10** spricht außerdem die unveränderte Verschiebung von C-5'.

Die 3':5'-*cyclo*-Verbindung **10** wurde übrigens auf anderem Wege hergestellt. Dort findet man aufgelöste Kopplungen zwischen P und C-2', -3', -4' und -5', nicht aber zwischen P und C-1'.

Literatur: *M. Morr* und *L. Ernst*, Chem. Ber. **111**, 2152 (1978)

6.3. Emmotin-A

Emmotin-A ist ein aus brasilianischem Holz isoliertes Terpen. Analytische Daten: $C_{16}H_{22}O_4$ (aus Elementaranalyse und Massenspektrum).

$^1H\text{-}NMR$ (CDCl$_3$):

δ = 7.54 und 7.46 (je 1 H, AB-System mit J = 9.0 Hz), 4.93 und 4.86 (je 1 H, AB-System mit J = 16.5 Hz), 4.62 und 4.55 (je 1 H, S, mit D$_2$O austauschbar), 4.43 (1 H, D, J = 12.5 Hz), 3.50 (3 H, S), 3.02 (1 H, DD, J = 16.5 und 4.5 Hz), 2.53 (1 H, DD, J = 16.5 und 12.5 Hz), 2.32 (3 H, S), 2.21 (1 H, TD, J = 12.5 und 4.5 Hz), 1.45 (3 H, S), 1.33 (3 H, S).

$^{13}C\text{-}NMR$ (CDCl$_3$):

δ = 199.9 S, 141.1 S, 139.6 S, 135.3 D, 135.3 S, 126.4 S, 125.2 D, 76.0 D, 72.6 S, 72.6 T, 58.6 Q, 50.0 D, 29.0 T, 27.7 Q, 23.8 Q, 19.3 Q. Laut Summenformel besitzt das Molekül 6 *D.Ä.* Die sechs ^{13}C-Signale zwischen δ = 142 und 125 sprechen für ein tetrasubstituiertes Benzolderivat; die ^{1}H-Signale bei δ = 7.54 und 7.46 mit J = 9 Hz zeigen, daß die beiden aromatischen Protonen *ortho*-ständig sind. Das ^{13}C-Signal bei δ = 199.9 (S) weist auf ein konjugiertes Keton hin. Da keine weiteren Doppelbindungen im Molekül enthalten sind, muß die Carbonylgruppe mit dem Aromaten konjugiert sein. Die starke Entschirmung des Signals für einen unsubstituierten aromatischen Kohlenstoff (δ = 135.3, D) ist gut vereinbar mit der *para*-Position relativ zum Carbonylsystem. Nach Berücksichtigung von Benzolring und C=O-Gruppe verbleibt noch 1 *D.Ä.*, das nur durch einen Ringschluß untergebracht werden kann, so daß Emmotin-A das Gerüst **11** oder **12** besitzt.

11   12

^{1}H- und ^{13}C-Spektrum beweisen die Anwesenheit von 3 Methylgruppen (δ_H = 1.33, 1.45, 2.32; δ_C = 19.3, 23.8, 27.7) an quaternären C-Atomen und einer Methoxygruppe (δ_H = 3.50; δ_C = 58.6). Die Signale der gegen Deuterium austauschbaren Protonen (δ_H = 4.55 und

4.62) sprechen für zwei OH-Funktionen, von denen nach dem ^{13}C-Spektrum eine einem sekundären (δ_C = 76.0, D), die andere einem tertiären Alkohol (δ_C = 72.6, S) entspricht. Bei dem Signal δ_C = 72.6 (T) kann es sich wegen der starken Entschirmung nicht um ein primäres Alkohol-C-Atom handeln. Da bereits durch die C=O-, die beiden OH- und die OCH$_3$-Gruppe alle Sauerstoffe vergeben sind, muß eine mit der Methoxygruppe verknüpfte CH$_2$-Einheit vorliegen. Diese ist wegen ihrer stark entschirmten Protonen (δ = 4.93 und 4.86, geminale Kopplung von 16.5 Hz) außerdem an den Benzolring gebunden. Eine der drei C-Methylgruppen (δ_H = 2.32; δ_C = 19.3) ist ebenfalls mit dem Aromaten verknüpft, und zwar — wie aus δ_C ersichtlich — in *ortho*-Stellung zu einem weiteren Substituenten (vgl. δ_{CH_3} = 19.6 in *ortho*-Xylol, Kap. 3). Selektive Entkopplung ermöglicht den Beweis, daß δ_H = 2.32 und δ_C = 19.3 derselben CH$_3$-Gruppe entsprechen.

Das Substitutionsmuster der Kohlenstoffkette, die den aliphatischen Ring zwischen Ketogruppe und Benzolring bildet, läßt sich aus dem ^{1}H-Spektrum ableiten.

Das Methinproton H$_A$ des sekundären Alkohols (δ_{H_A} = 4.43) hat nur ein benachbartes Proton H$_B$ (δ_{H_B} = 2.21). Dieses muß sich wegen J = 12.5 Hz in *anti*-Stellung zu jenem befinden. H$_B$ ist mit einem weiteren Proton H$_C$ (δ_{H_C} = 2.53) mit J = 12.5 Hz und mit einem dritten Proton H$_D$ (δ_{H_D} = 3.02) mit 4.5 Hz gekoppelt. Die stereochemische Relation zwischen H$_B$ und H$_C$ ist also *anti* und zwischen H$_B$ und H$_D$ *gauche*. H$_C$ und H$_D$ zeigen eine geminale Kopplung von 16.5 Hz. Die Kettensequenz ist demnach

Die verbleibenden Atome erlauben als R″ nur noch einen (CH$_3$)$_2$C(OH)-Rest mit (wegen des benachbarten asymmetrischen C-Atoms) anisochronen Methylgruppen (δ_C = 23.8 und 27.7; δ_H = 1.33 und 1.45). Die ^{13}C-Verschiebung der Ketten-CH$_2$-Gruppe (δ_C = 29.0, T) gestattet nur ihre Verknüpfung mit dem Aromaten, nicht aber mit der Carbonylgruppe, so daß lediglich drei mögliche Strukturen **13**, **14** und **15** verbleiben.

13   14   15

Durch den Vergleich der chemischen Verschiebung des aromatischen Methylkohlenstoffs (δ = 19.3) mit Literaturdaten von Verbindungen, die das Fragment 16 enthalten (vgl. Spektrum Nr. 12535 und 12537 in Lit.-Ref. 13b, Kap. 7),

16

kann 14 auch noch ausgeschlossen werden. Die Unterscheidung zwischen 13 und 15 war möglich, weil die Autoren aus demselben Pflanzenmaterial ein Produkt „Emmotin-B" isolierten, das sich von Emmotin-A nur durch den Ersatz der aromatischen CH_3- durch eine $HOCH_2$-Gruppe unterschied. Die einzigen C-Atome, deren Verschiebung sich beim Übergang Emmotin-A → Emmotin-B deutlich ändert, sind das Methylen-C des hydroaromatischen Ringes (δ : 29.0 → 26.9), der Kohlenstoff in *para*-Stellung zur Carbonylgruppe (δ : 135.3 → 132.7) sowie zwei quaternäre aromatische Kohlenstoffe, nämlich derjenige, der die CH_3- bzw. CH_2OH-Gruppe trägt (δ : 135.3 → 140.6) sowie der dazu *ortho*-ständige (δ : 139.6 → 137.9). Die Verschiebungsänderungen der CH_2-Gruppe und des zur Carbonylgruppe *para*-ständigen Kohlenstoffs beweisen, daß sich die Methylgruppe im Emmotin-A *ortho* zur CH_2-Gruppe des Cyclohexanonringes befindet, Struktur 13 also zutreffend ist. Ebenfalls wird noch einmal bestätigt, daß Struktur 14 nicht in Frage kommt. Die vollständige Zuordnung des ^{13}C-Spektrums von Emmotin-A ist in der Formel zusammengefaßt.

Literatur: *A. Braga de Oliveira, M. de L. Moreira Fernandes, O. R. Gottlieb, E. W. Hagaman* und *E. Wenkert,* Phytochemistry **13**, 1199 (1974).

7. Anhang

7.1. Lösungen der Übungsaufgaben

3-1:

Das Off-Resonance-entkoppelte Spektrum weist nur *ein* Dublett auf, so daß nur *eine* Verzweigungsstelle im Molekül vorhanden ist. Es handelt sich also um ein Methyl-octan oder ein Ethyl-heptan. Aus Symmetriegründen entfallen 2-Methyloctan und 3- sowie 4-Ethylheptan, so daß entweder 3- oder 4-Methyloctan vorliegt.

Um zwischen beiden Möglichkeiten entscheiden zu können, genügt es, mit Hilfe der *Grant-Paul*-Beziehung die Verschiebungen der Methylkohlenstoffe zu berechnen.

3-Methyloctan:

$$\delta_1 = -2.3 + n_\alpha + n_\beta + 2n_\gamma + n_\delta + n_\varepsilon = -2.3 + 9.1 + 9.4 - 5.0 + 0.3 + 0.2 = 11.7$$

$$\delta_8 = -2.3 + n_\alpha + n_\beta + n_\gamma + n_\delta + n_\varepsilon = -2.3 + 9.1 + 9.4 - 2.5 + 0.3 + 0.2 = 14.2$$

$$\delta_9 = -2.3 + n_\alpha + 2n_\beta + 2n_\gamma + n_\delta + n_\varepsilon + S_{1°3°} = -2.3 + 9.1 + 18.8 - 5.0 + 0.3 + 0.2 - 1.1 = 20.0$$

4-Methyloctan:

$$\delta_1 = -2.3 + n_\alpha + n_\beta + n_\gamma + 2n_\delta + n_\varepsilon = -2.3 + 9.1 + 9.4 - 2.5 + 0.6 + 0.2 = 14.5$$

$$\delta_8 = -2.3 + n_\alpha + n_\beta + n_\gamma + n_\delta + 2n_\varepsilon = -2.3 + 9.1 + 9.4 - 2.5 + 0.3 + 0.4 = 14.4$$

$$\delta_9 = -2.3 + n_\alpha + 2n_\beta + 2n_\gamma + 2n_\delta + n_\varepsilon + S_{1°3°} = -2.3 + 9.1 + 18.8 - 5.0 + 0.6 + 0.2 - 1.1 = 20.3$$

Da die gemessenen CH_3-Verschiebungen 11.1, 13.8 und 19.0 betragen, liegt also 3-Methyloctan vor.

3-2:

Bei der Verbindung muß es sich um ein Cycloalkan handeln, da alle Signale im Aliphatenbereich erscheinen. Signalintensitäten und -multiplizitäten beweisen die Anwesenheit von vier äquivalenten CH_2-, zwei äquivalenten CH- und zwei äquivalenten CH_3-Einheiten. Diese Bedingungen sind nur im 1,4-Dimethylcyclohexan erfüllt. Um zu entscheiden, ob die *cis*- oder die *trans*-Verbindung vorliegt, berechnen wir die Verschiebungen für beide Isomere.

trans-Verbindung: Beide CH_3-Gruppen äquatorial. Mit den Substituenteninkrementen von Abschnitt 3.3.1.2 berechnen sich die Signallagen wie folgt:

$$\delta_1 = 26.8 + 6.0 - 0.2 = 32.6$$
$$\delta_2 = 26.8 + 9.0 + 0.0 = 35.8$$
$$\delta_{CH_3} \approx 23$$

cis-Verbindung: 1-CH$_3$ äquatorial, 4-CH$_3$ axial.

$$\delta_1 = 26.8 + 6.0 + 0.0 = 32.8$$
$$\delta_2 = 26.8 + 9.0 - 6.4 = 29.4$$
$$\delta_3 = 26.8 + 0.0 + 5.4 = 32.2$$
$$\delta_4 = 26.8 - 0.2 + 1.4 = 28.0$$
$$\delta_{1\text{-}CH_3} \approx 23$$
$$\delta_{4\text{-}CH_3} \approx 19$$

Da das Konformere mit axialer 1-CH$_3$- und äquatorialer 4-CH$_3$-Gruppe von gleicher Energie ist und bei Raumtemperatur schnelle Ringinversion stattfindet, müssen δ_1 und δ_4, δ_2 und δ_3 sowie $\delta_{1\text{-}CH_3}$ und $\delta_{4\text{-}CH_3}$ gemittelt werden. Es folgt:
$\delta_1 = \delta_4 = 30.4$; $\delta_2 = \delta_3 = 30.8$; $\delta_{CH_3} \approx 21$. Demnach handelt es sich bei der gesuchten Verbindung um cis-1,4-Dimethylcyclohexan.

3-3:

Die beiden Dubletts bei $\delta = 130.8$ und 124.0 zeigen eine 1,2-disubstituierte Doppelbindung an. Die Aliphatenreste sind unverzweigt (keine Dubletts oder Singuletts). Wegen fehlender Symmetrie kann kein 3-Hexen vorliegen, so daß sich die Auswahl auf cis- und trans-2-Hexen beschränkt.

In Analogie zu Hexan absorbiert C-6 bei $\delta = 13.9$, so daß das Signal bei $\delta = 12.8$ dem Methylkohlenstoff C-1 zukommt. Der Vergleich mit cis- und trans-2-Buten ($\delta_1 = 11.4$ bzw. 16.8) zeigt, daß cis-2-Hexen vorliegt.
Berechnete Olefinverschiebungen für cis-2-Hexen:

$$\delta_2 = 123.3 + n_\alpha + n_{\alpha'} + n_{\beta'} + n_\gamma + S_{cis} = 123.3 + 10.6 - 7.9 + 1.8 + 1.5 - 1.1 = 124.6 \text{ (exp.: 124.0)}$$

$$\delta_3 = 123.3 + n_\alpha + n_\beta + n_\gamma - n_{\alpha'} + S_{cis} = 123.3 + 10.6 + 7.2 - 1.5 - 7.9 - 1.1 = 130.6 \text{ (exp.: 130.8)}$$

für trans-2-Hexen:

$$\delta_2 = \delta_2(cis) + 1.1 = 125.7 \text{ (exp.: 124.9)}$$
$$\delta_3 = \delta_3(cis) + 1.1 = 131.7 \text{ (exp.: 131.7)}$$

Die chemischen Verschiebungen der α-C-Atome sind also besser zur Bestimmung der Konfiguration geeignet als die der olefinischen C-Atome.

3-4:

Da der Aromatenbereich nur 6 Signale aufweist, kommen von den 10 möglichen Isomeren aus Symmetriegründen nur das 1,8- und das 2,7-Isomere in Frage. Die Verschiebung des Methylsignals spricht für letzteres. Der Vergleich von 2-Methylnaphthalin mit Naphthalin gibt folgende Substituenteninkremente für die Methylgruppe in 2-Stellung:

$\Delta_1 = -1.0$, $\Delta_2 = +9.6$, $\Delta_3 = +2.3$, $\Delta_4 = -0.5$, $\Delta_5 = -0.2$, $\Delta_6 = -0.8$, $\Delta_7 = +0.1$, $\Delta_8 = -0.3$, $\Delta_9 = +0.2$, $\Delta_{10} = -1.7$. Damit berechnen sich für 2,7-Dimethylnaphthalin die Verschiebungen

$$\delta_1 = \delta_8 = 127.7 + \Delta_1 + \Delta_8 = 126.4$$
$$\delta_2 = \delta_7 = 125.6 + \Delta_2 + \Delta_7 = 135.3$$
$$\delta_3 = \delta_6 = 125.6 + \Delta_3 + \Delta_6 = 127.1$$
$$\delta_4 = \delta_8 = 127.7 + \Delta_4 + \Delta_5 = 127.0$$
$$\delta_9 = 133.3 + 2\Delta_9 = 133.7$$
$$\delta_{10} = 133.3 + 2\Delta_{10} = 129.9$$

Da die Übereinstimmung mit den experimentellen Werten sehr gut ist, können die Resonanzen anhand der berechneten Verschiebungen zugeordnet werden, mit Ausnahme der nahe beieinander absorbierenden Atome C-3,6 und C-4,5. In der Reihenfolge der Signale, wie sie in der Frage gegeben ist, lauten die Zuordnungen also:

C-2,7; C-9; C-10; (C-3,6); (C-4,5); C-1,8; CH_3-2,7.

Die Verschiebungen in 1,8-Dimethylnaphthalin lassen sich nicht durch Additivitätsberechnungen voraussagen, da wegen der sterischen Wechselwirkungen der Methylgruppen starke Abweichungen zu erwarten sind. Die Methylkohlenstoffe absorbieren bei $\delta = 25.9$ (vgl. Abschnitt 3.2.3).

3-5:

A: Wegen der starken Entschirmung zweier C-Atome muß es sich um einen Ether handeln. Der Sauerstoff trägt die Gruppen CH_3- und $-CH_2-$. Die restlichen zwei Signale rühren dann von einer Isopropylgruppe her.

Struktur: $\overset{4}{C}H_3\text{-O-}\overset{1}{C}H_2\text{-}\overset{2}{C}H(\overset{3}{C}H_3)_2$.

Berechnete Verschiebungen:

$\delta_1 = \delta_1(\text{2-Methylpropan}) + \Delta_\alpha(OR) + S_{2°3°} - S_{1°3°} = 24.1 + 60 - 2.5 + 1.1 = 83^*$

$\delta_2 = \delta_2(\text{2-Methylpropan}) + \Delta_\beta(OR) + S_{3°2°} - S_{3°1°} = 25.0 + 7 - 3.7 + 0 = 28$

$\delta_3 = \delta_3(\text{2-Methylpropan}) + \Delta_\gamma(OR) = 24.1 - 5 = 19$

$\delta_4 = \delta(\text{Methan}) + \Delta_\alpha(OR) = -2.3 + 60 = 58$

---

* Der Korrekturterm $S_{1°3°}$ wird subtrahiert, weil er implizit in der Verschiebung von 2-Methylpropan enthalten ist und bei der Substitution durch $S_{2°3°}$ ersetzt wird.

B: Einzig mögliche Struktur aufgrund der Multiplizitäten: 1-Pentanol.

Berechnet: $\delta_1 = \delta_1(\text{Pentan}) + \Delta_\alpha(\text{OH}) = 13.5 + 49 = 63$

$\delta_2 = \delta_2(\text{Pentan}) + \Delta_\beta(\text{OH}) = 22.2 + 10 = 32$

$\delta_3 = \delta_3(\text{Pentan}) + \Delta_\gamma(\text{OH}) = 34.1 - 6 = 28$

$\delta_4 \approx \delta_4(\text{Pentan}) \approx 22$

$\delta_5 \approx \delta_5(\text{Pentan}) \approx 14$

C: Es kommt nur ein symmetrischer sekundärer Alkohol infrage: 3-Pentanol.

Berechnet: $\delta_1 = \delta_5 = \delta_1(\text{Pentan}) + \Delta_\gamma(\text{OH}) = 13.5 - 6 = 8$

$\delta_2 = \delta_4 = \delta_2(\text{Pentan}) + \Delta_\beta(\text{OH}) + S_{2°3°} = 22.2 + 10 - 2.5 = 30$

$\delta_3 = \delta_3(\text{Pentan}) + \Delta_\alpha(\text{OH}) + 2S_{3°2°} = 34.1 + 49 - 7.4 = 76$

D: Es handelt sich um einen tertiären Alkohol. Einzige Möglichkeit: 2-Methyl-2-butanol, $(\overset{1}{\text{CH}_3})_2\overset{2}{\text{C}}(\text{OH})\overset{3}{\text{CH}_2}\overset{4}{\text{CH}_3}$.

Berechnet: $\delta_1 = \delta_1(\text{2-Methylbutan}) + \Delta_\beta(\text{OH}) + S_{1°4°} - S_{1°3°}$

$= 21.8 + 10 - 3.4 + 1.1 = 30$

$\delta_2 = \delta_2(\text{2-Methylbutan}) + \Delta_\alpha(\text{OH}) + 2S_{4°1°} + S_{4°2°}$

$- 2S_{3°1°} - S_{3°2°} = 29.7 + 49 - 3.0 - 8.4 + 0 + 3.7 = 71$

$\delta_3 = \delta_3(\text{2-Methylbutan}) + \Delta_\beta(\text{OH}) + S_{2°4°} - S_{2°3°}$

$= 31.6 + 10 - 7.5 + 2.5 = 37$

$\delta_4 = \delta_4(\text{2-Methylbutan}) + \Delta_\gamma(\text{OH}) = 11.3 - 6 = 5$

3-6:

Aufgrund der relativen Abschirmung von C-7 in **A** und von C-6 in **B** ist **A** das *exo-* und **B** das *endo*-Isomer, da in ersterem eine γ_{gauche}-Wechselwirkung zwischen OH und C-7, in letzterem zwischen OH und C-6 stattfindet. Da die Wechselwirkung in **B** wegen des kleineren Diederwinkels $\phi(\text{O} - \text{C}^2 - \text{C}^1 - \text{C}^6)$, relativ zu $\phi(\text{O} - \text{C}^2 - \text{C}^1 - \text{C}^7)$ in **A**, größer ist, sind in **B** auch C-1 und C-2 stärker abgeschirmt.

3-7:

Da nur Signale im Aromatenbereich auftreten, muß es sich um ein Chloranilin handeln. Das *para*-Isomer ist aufgrund der Anzahl der Signale auszuschließen. Die Verschiebungen der beiden quaternären Kohlenstoffe, $147.8(\text{C} - \text{NH}_2)$, $135.1(\text{C} - \text{Cl})$, erlauben den Schluß, daß sich die Aminogruppe nicht *ortho*-ständig zum Chlor befindet, weil sonst das Cl-gebundene C um etwa 13 ppm stärker abgeschirmt wäre.

Berechnete (gemessene) Verschiebungen für 2-Chloranilin:

$\delta_1 = 128.5 + 18.1 + 0.4 = 147.0(\text{S}), (143.1)$

$\delta_2 = 128.5 - 13.3 + 6.3 = 121.5(\text{S}), (119.3)$

$\delta_3 = 128.5 + 0.9 + 0.4 = 129.8(\text{D}), (129.6)$

$\delta_4 = 128.5 - 9.9 + 1.3 = 119.9(\text{D}), (119.0)$

$\delta_5 = 128.5 + 0.9 - 2.1 = 127.3(\text{D}), (127.7)$

$\delta_6 = 128.5 - 13.3 + 1.3 = 116.5(\text{D}), (115.8)$

Für 3-Chloranilin:

$\delta_1 = 128.5 + 18.1 + 1.3 = 147.9(S), (147.8)$
$\delta_2 = 128.5 - 13.3 + 0.4 = 115.6(D), (115.0)$
$\delta_3 = 128.5 + 0.9 + 6.3 = 135.7(S), (135.1)$
$\delta_4 = 128.5 - 9.9 + 0.4 = 119.0(D), (118.6)$
$\delta_5 = 128.5 + 0.9 + 1.3 = 130.7(D), (130.4)$
$\delta_6 = 128.5 - 13.3 - 2.1 = 113.1(D), (113.1)$

Für 4-Chloranilin:

$\delta_1 = 128.5 + 18.1 - 2.1 = 144.5(S), (145.1)$
$\delta_2 = \delta_6 = 128.5 - 13.3 + 1.3 = 116.5(D), (116.2)$
$\delta_3 = \delta_5 = 128.5 + 0.9 + 0.4 = 129.8(D), (129.3)$
$\delta_4 = 128.5 - 9.9 + 6.3 = 124.9(S), (123.3)$

3-8:

Mit zunehmender Acidität des Lösungsmittels verschiebt sich das Protonierungsgleichgewicht zunehmend in Richtung auf das Anilinium-Kation. Da in einem NH_3^+-Substituenten kein freies Elektronenpaar mehr zur Verfügung steht, ist die mesomerie-bedingte Abschirmung von C-4 unterbunden.

3-9:

Da die Verbindung zwei Methylgruppen enthält sowie fünf Signale (davon zwei für quaternäre C-Atome) im Aromaten/Olefin-Bereich, liegt wahrscheinlich ein Dimethylpyridin vor, wobei symmetrische Strukturen ausgeschlossen werden können. Die Resonanzen der unsubstituierten aromatischen Kohlenstoffe zeigen, daß das Molekül 2,4-disubstituiert sein muß (nur 1 D bei $\delta \approx 150$ und kein D bei $\delta \approx 135$).

Berechnete Verschiebungen (vgl. Tab. 3-12):

$\delta_2 = 149.8 + \Delta_{22} + \Delta_{42} = 149.8 + 9.1 + 0.5 = 159.4(S), \delta_2(exp.) = 158.4$
$\delta_3 = 123.6 + \Delta_{23} + \Delta_{43} = 123.6 - 1.0 + 0.8 = 123.4(D), \delta_3(exp.) = 124.3$
$\delta_4 = 135.7 + \Delta_{24} + \Delta_{44} = 135.7 - 0.1 + 10.8 = 146.4(S), \delta_4(exp.) = 147.2$
$\delta_5 = 123.6 + \Delta_{25} + \Delta_{45} = 123.6 - 3.4 + 0.8 = 121.0(D), \delta_5(exp.) = 121.9$
$\delta_6 = 149.8 + \Delta_{26} + \Delta_{46} = 149.8 - 0.1 + 0.5 = 150.2(D), \delta_6(exp.) = 149.2$

3-10:

Aus Signalzahl und Multiplizität ergibt sich die Teilformel C_6H_{10}. Aus der bekannten Molmasse folgt, daß ein Sauerstoffatom vorhanden ist: $C_6H_{10}O$. Das Signal bei $\delta = 219.0(S)$ zeigt ein Keton an, das wegen der extremen Entschirmung typisch für ein Cyclopentanonderivat oder ein stark α-verzweigtes Keton ist. Aufgrund der Summenformel muß eine cyclische Verbindung vorliegen, also ein Methylcyclopentanon. Das Dublett bei $\delta = 31.7$ spricht für das 3-Methyl-Isomer. Im 2-Methylcyclopentanon sollte der Methinkohlenstoff wegen des α-Effektes der Carbonylgruppe (Tab. 3-6) bei $\delta > 40$ absorbieren.

Die Zuordnung der Signale lautet: $\delta = 219.0(C=O)$, $46.7(C-2; \alpha$ zu $C=O$, β zu CH_3), $38.4(C-5; \alpha$ zu $C=O$), $31.7(C-3)$, $31.3(C-4)$, $20.3(CH_3)$.

3-11:

Das Signal bei $\delta = 165.5\,(S)$ deutet auf ein α,β-ungesättigtes Carbonsäure-Derivat hin; die Summenformel schließt ein Amid und ein Säurechlorid aus, ein Anhydrid kommt wegen des einzelnen Carboxyl-Signals nicht in Frage. Die Signale bei $131.2\,(T)$ und $128.3\,(D)$ zeigen eine Vinylgruppe an. Die Partialstruktur $CH_2 = CH - CO -$ läßt dann nur noch einen Ester zu. Der Ester-Sauerstoff trägt eine Methylengruppe: $\delta = 65.3\,(T)$. Das verbleibende Fragment C_2H_3O mit den beiden Resonanzen $\delta = 49.2\,(D)$ und $44.3\,(T)$ spricht für eine Epoxid-Struktur.

3-12:

$\delta = 208.6\,(S)$: nichtkonjugiertes Keton, $177.3\,(S)$: Carbonsäure, Rest: zwei CH_2- und eine CH_3-Gruppe. Es handelt sich um 4-Oxopentansäure. Das 3-Oxo-Isomer kann schon aufgrund der CH_3-Verschiebung ausgeschlossen werden.

4-1:

$^1J_{CH} = 161\,Hz\,(\delta = 15.7)$ muß der CH_2-Gruppe im Cyclopropanring zugeordnet werden (vgl. Tab. 4-1).

4-2:

Für **B** berechnet sich (Tab. 4-3) $^1J_{CH}$ zu $\xi_H + \xi_{C=C} + \xi_{COSR}\,(\approx \xi_{COOR}) + 3 = 41.7 + 38.6 + 46.6 + 3 = 130\,Hz$. Für **C**: $^1J_{CH} = \xi_H + \xi_{SR} + \xi_{COR} + 3 = 41.7 + 54.6 + 43.6 + 3 = 143\,Hz$. Struktur **C** ist also zutreffend.

4-3:

Die intensiven Signale entsprechen in der Reihenfolge zunehmender Abschirmung C-2, C-4, C-3. Die Feinaufspaltungen von 5 bis 9 Hz sind vicinale C,H-Kopplungen. C-3 besitzt keine vicinalen Protonen und zeigt deshalb keine Feinaufspaltung. C-2 koppelt nur mit 4-H ($J = 9$ Hz) und erfährt eine Dublett-Feinaufspaltung. C-4 ist vicinal zu zwei Protonen, 2-H (*transoid*, $J = 8$ Hz) und 5-H (*cisoid*, $J = 5$ Hz), und zeigt eine Feinaufspaltung zu Doppeldubletts. Das substituierte C-1 zeigt eine große geminale Kopplung (ca. 10 Hz) mit 2-H und unaufgelöste weiterreichende Kopplungen. Die Signale von C-9 und C-10 sind so schwach, daß sie im gekoppelten Spektrum unsichtbar bleiben.

4-4:

Aus der Größe der F,C-Kopplungen (Formelschema S. 85) ergibt sich die Zuordnung der Signale für zunehmende Abschirmung zu C-1, C-*meta*, C-*meta*, C-*para*, C-*ortho*, C-*ortho*. Die beiden C-*meta* können aufgrund ihrer Intensitäten unterschieden werden: entschirmtes C = quaternär = C-3. Die Unterscheidung der beiden C-*ortho* gelingt nur anhand ihrer chemischen Verschiebungen. Mit den Substituenteninkrementen aus Tab. 3-11 berechnet man $\delta_1 = 163.2$, $\delta_2 = 116.4$, $\delta_3 = 139.4$, $\delta_4 = 124.8$, $\delta_5 = 130.1$, $\delta_6 = 112.7$. Die Zuordnungen sind also: C-1, C-3, C-5, C-4, C-2, C-6.

7.2. Ausgewählte Literatur

Ausführliche Lehrbücher der ^{13}C-NMR-Spektroskopie:

1. *J. B. Stothers*, Carbon-13 NMR Spectroscopy, Academic Press, New York 1972.
2. *E. Breitmaier* und *W. Voelter*, ^{13}C NMR Spectroscopy, Verlag Chemie, Weinheim, 2. Aufl. 1978.
3. *F. W. Wehrli* und *T. Wirthlin*, Interpretation of Carbon-13 NMR Spectra, Heyden & Son, London, 2. Aufl. 1978.

Kurze Einführungen in die ^{13}C-NMR-Spektroskopie:

4. *G. C. Levy* und *G. L. Nelson*, Carbon-13 Nuclear Magnetic Resonance for Organic Chemists, Wiley-Interscience, New York 1972.
5. *T. Clerc, E. Pretsch* und *S. Sternhell*, ^{13}C-Kernresonanzspektroskopie, Akademische Verlagsgesellschaft, Frankfurt 1973.
6. *E. Breitmaier* und *G. Bauer*, ^{13}C-NMR-Spektroskopie. Eine Arbeitsanleitung mit Übungen. Georg Thieme Verlag, Stuttgart 1977.
7. *R. J. Abraham* und *P. Loftus*, Proton and Carbon-13 NMR Spectroscopy. An Integrated Approach. Heyden & Son, London 1978.

Fourier-Transformations-Technik:

8. *T. C. Farrar* und *E. D. Becker*, Pulse and Fourier Transform NMR. Introduction to Theory and Methods, Academic Press, New York 1971.
9. *K. Müllen* und *P. S. Pregosin*, Fourier Transform NMR Techniques: A Practical Approach. Academic Press, London 1976.

^{13}*C-NMR-Datensammlungen:*

10. *L. F. Johnson* und *W. C. Jankowski*, Carbon-13 NMR Spectra. A Collection of Assigned, Coded and Indexed Spectra. Wiley-Interscience, New York 1972 (500 Spektren).
11. *E. Breitmaier, G. Haas* und *W. Voelter*, Atlas of Carbon-13 NMR Data, Heyden & Son, London 1979 (3000 Spektren).
12. *V. Formaček, L. Desnoyer, H. P. Kellerhals, T. Keller* und *J. T. Clerc*, ^{13}C Data Bank, Vol. 1, Bruker Physik, Karlsruhe 1976 (1000 Spektren).
13. a) *W. Bremser, L. Ernst* und *B. Franke*, Carbon-13 NMR Spectral Data, Verlag Chemie, Weinheim, 1. Aufl. 1978 (10000 Spektren auf Mikrofiches).
    b) *W. Bremser, L. Ernst, B. Franke, R. Gerhards* und *A. Hardt*, 2. Aufl. 1979 (18719 Spektren auf Mikrofiches).

14. *E. Pretsch, T. Clerc, J. Seibl* und *W. Simon,* Tabellen zur Strukturaufklärung organischer Verbindungen mit spektroskopischen Methoden, Springer-Verlag, Berlin 1976 (Tabellen mit ^{13}C- und ^{1}H-NMR-, IR- und UV/VIS-Daten).

Fortsetzungsreihe:

15. *G. C. Levy* (Hrsg.), Topics in Carbon-13 NMR Spectroscopy, John Wiley & Sons, New York, Vol. 1 (1974), Vol. 2 (1976), Vol. 3 (1979).

Einführende Aufsätze:

16. *H. Günther,* Chemie in unserer Zeit **8**, 45-53 und 84-94 (1974).
17. *E. Breitmaier* und *G. Bauer,* Pharmazie in unserer Zeit **5**, 97-123 (1976).

Spezielle Themen:

Eine gute Zusammenstellung von Übersichtsartikeln, die sich mit verschiedenen Aspekten der NMR-Spektroskopie beschäftigen, findet sich am Anfang jedes Bandes von „Specialist Periodical Reports. Nuclear Magnetic Resonance" (Hrsg. *R. K. Harris,* Bd. 1 – 5 sowie *R. J. Abraham,* Bd. 6 u. 7), The Chemical Society, London, Vol. 1 – 7 (1972 – 1978).

7.3. Eigenschaften wichtiger Lösungsmittel

Die ^{13}C-chemischen Verschiebungen der für die ^{13}C-NMR-Spektroskopie wichtigsten Lösungsmittel, ihre Dichten, Schmelzpunkte und Siedepunkte sind in Tab. 7-1 zusammengestellt. Bisweilen benutzt man bei der Aufnahme des Spektrums ein Signal des Lösungsmittels als Referenzsignal und rechnet die so erhaltenen chemischen Verschiebungen durch Addition der Verschiebung des Lösungsmittels auf den Standard TMS um, z. B.

$$\delta \text{ (rel. zu TMS)} = \delta \text{ (rel. zu } CDCl_3) + 77.0.$$

Hierbei ist jedoch zu beachten, daß die Verschiebung des Lösungsmittels von Art und Konzentration der gelösten Substanz abhängen kann (Schwankungen bis zu ca. 1 ppm sind möglich), so daß bei dieser Methode eine gewisse Unsicherheit der chemischen Verschiebungen auftritt. Für wässrige (D_2O-)Lösungen benutzt man entweder eine konzentrische TMS-Kapillare („externes TMS") als Referenzsubstanz oder fügt wenig nichtdeuteriertes Dioxan hinzu, dessen Verschiebung (meist) zu $\delta = 67.4$ festgesetzt wird.

Bei stark verdünnten Lösungen kann es manchmal vorkommen, daß die Intensitäten der Substanz-Signale relativ zur Intensität eines Lösungsmittel-Signals so gering sind, daß die kleinen Signale nicht mehr im „dynamischen Bereich" des Rechners liegen (unzureichende vertikale Auflösung) und deshalb unsichtbar bleiben. In diesen Fällen ist die Anwendung von (allerdings recht teuren) ^{12}C-angereicherten Lösungsmitteln nützlich, in denen der natürliche ^{13}C-Anteil durch Isotopentrennung so stark verringert ist, daß kaum noch störende Signale auftreten. ^{12}C-angereicherte Lösungsmittel empfehlen sich auch dann, wenn interessierende Signale genau unter den Lösungsmittelresonanzen liegen (oder dort vermutet werden) und ein Ausweichen auf andere Solventien wegen unzureichender Löslichkeit nicht möglich ist.

Tab. 7-1: ^{13}C-chemische Verschiebungen[a] und physikalische Eigenschaften von wichtigen Lösungsmitteln[b]

Lösungsmittel	δ	d_4^{20}	Schmp.	Sdp.
d_6-Aceton	205.8 (C-2), 29.8 (C-1)	0.87	− 95	56
d_3-Acetonitril	118.1 (C-1), 1.3 (C-2)	0.84	− 46	82
d_6-Benzol	128.0	0.95	6	80
d_1-Chloroform	77.0	1.50	− 64	62
d_{12}-Cyclohexan	26.3	0.89	7	81
Deuteriumoxid		1.11	4	101
d_6-Dimethylsulfoxid	39.5	1.18	18	189
d_8-Dioxan	66.4	1.13	12	101
d_4-Methanol	49.0	0.89	− 94	65
d_2-Methylenchlorid	53.8	1.35	− 95	40
d_5-Pyridin	149.8 (C-2), 135.6 (C-4), 123.5 (C-3)	1.05	− 42	116
Schwefelkohlenstoff	192.2	1.26	−112	46
Tetrachlormethan	96.0	1.59	− 23	77
d_8-Tetrahydrofuran	67.3 (C-1), 25.3 (C-2)	0.99	− 65	67
d_8-Toluol	137.4 (C-1), 128.9 (C-2), 127.9 (C-3), 125.1 (C-4), 20.4 (CH$_3$)	0.94	− 95	111
Trifluoressigsäure[c]	164.4 (C-1), 116.5 (C-2)	1.54	− 15	72

[a] Reines Lösungsmittel mit 10 Vol-% TMS,

[b] Schmp. und Sdp. (in °C) der protonenhaltigen Lösungsmittel (außer bei Deuteriumoxid),

[c] $^2J_{FC} = 44$ Hz, $^1J_{FC} = 283$ Hz.

Sachverzeichnis

UTB

Fachbereich Chemie

1 Kaufmann: Grundlagen der
organischen Chemie
(Birkhäuser). 5. Aufl. 77. DM 16,80

53 Fluck, Brasted: Allgemeine und
anorganische Chemie
(Quelle & Meyer). 2. Aufl. 79.
DM 21,80

88 Wieland, Kaufmann: Die
Woodward-Hoffmann-Regeln
(Birkhäuser). 1972. DM 9,80

99 Eliel: Grundlagen der
Stereochemie
(Birkhäuser). 2. Aufl. 77. DM 10,80

197 Moll: Taschenbuch für
Umweltschutz 1. Chemische und
technologische Informationen
(Steinkopff). 2. Aufl. 78. DM 19,80

231 Hölig, Otterstätter: Chemisches
Grundpraktikum
(Steinkopff). 1973. DM 12,80

263 Jaffé, Orchin: Symmetrie in der
Chemie
(Hüthig). 2. Aufl. 73. DM 16,80

283 Schneider, Kutscher:
Kurspraktikum der allgemeinen und
anorganischen Chemie
(Steinkopff). 1974. DM 19,80

342 Maier: Lebensmittelanalytik 1
Optische Methoden
(Steinkopff). 2. Aufl. 74. DM 9,80

405 Maier: Lebensmittelanalytik 2
Chromatographische Methoden
(Steinkopff). 1975. DM 17,80

387 Nuffield-Chemie-
Unterrichtsmodelle für das 5. u.
6. Schuljahr Grundkurs Stufe 1
(Quelle & Meyer). 1974. DM 19,80

388 Nuffield-Chemie.
Unterrichtsmodelle. Grundkurs
Stufe 2, Teil I
(Quelle & Meyer). 1978. DM 19,80

409 Härtter:
Wahrscheinlichkeitsrechnung für
Wirtschafts- und
Naturwissenschaftler
(Vandenhoeck). 1974. DM 19,80

509 Hölig: Lerntest Chemie 1 Textteil
(Steinkopff). 1976. DM 17,80

615 Fischer, Ewen: Molekülphysik
(Steinkopff). 1979. Ca. DM 16,80

634 Freudenberg, Plieninger:
Organische Chemie
(Quelle & Meyer). 13. Aufl. 77.
DM 19,80

638 Hölig: Lerntest Chemie 2
Lösungsteil
(Steinkopff). 1976. DM 14,80

675 Berg, Diel, Frank: Rückstände
und Verunreinigungen in
Lebensmitteln
(Steinkopff). 1978. DM 18,80

676 Maier: Lebensmittelanalytik 3
Elektrochem. und enzymat.
Methoden
(Steinkopff). 1977. DM 17,80

842 Ault, Dudek: Protonen-
Kernresonanz-Spektroskopie
(Steinkopff). 1978. DM 18,80

853 Nuffield-Chemie.
Unterrichtsmodelle. Grundkurs
Stufe 2 Teil II
(Quelle & Meyer). 1978. DM 16,80

902 Gruber: Polymerchemie
(Steinkopff). 1979. Ca. DM 16,80

Uni-Taschenbücher
wissenschaftliche Taschenbücher für
alle Fachbereiche.
Das UTB-Gesamtverzeichnis
erhalten Sie bei Ihrem Buchhändler
oder direkt von
UTB, Am Wallgraben 129,
Postfach 80 11 24, 7000 Stuttgart 80